지구별 여행자들을 위해

오늘도

하루 여행길

그 길 위에서

모두 모두

행복하소서!

김별 드림

가슴 뛰는 대로 가면 돼

일단 떠나라

나 홀로 내 맘대로 세계여행

가슴 뛰는 대로 가면 돼 일단 떠나라

초판 1쇄 인쇄 2023년 5월 8일
초판 1쇄 발행 2023년 5월 12일

지은이 김별
펴낸이 최향금
펴낸곳 에이블북

주소 서울시 노해로 70길 54
등록 제2021-000032호
전화 02-6061-0124
팩스 02-6003-0025
메일 library100@naver.com

ISBN 979-11-87831-12-9 (03980)

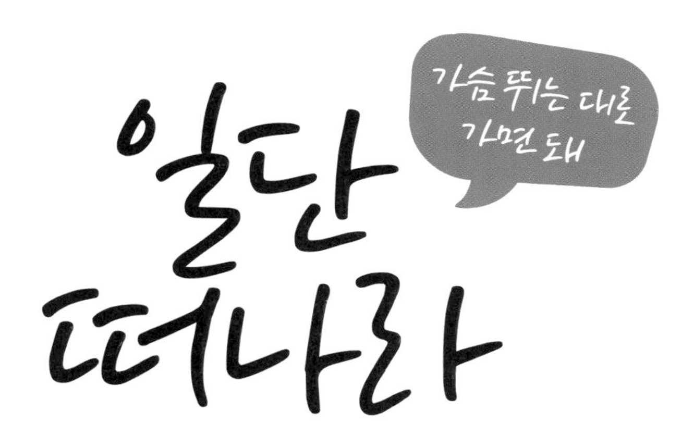

나 홀로 내 맘대로 세계여행

김별 지음

프롤로그

No plan is good plan!

나는 어쩌다 시외버스 터미널에만 가도 가슴이 뛴다. 바삐 오가는 발걸음으로 분주한 기차역에 들어서면 심장 박동이 빨라지고, 활력이 넘치는 공항에 가면 가슴이 벅차오른다. 내 유전자 안에 유목민의 DNA가 있는 건 아닐까 하는 생각이 들곤 한다. 유목민은 집을 버리고 우주를 얻는 이다. 유목민은 하늘, 별, 대지를 이불 삼아 바람 타고 다닌다.

그런데 비단 나만 그런 건 아닌가 보다. 프랑스 철학자 가브리엘 마르셀은 인간을 호모 비아토르(Homo Viator), 즉 '여행하는 인간'으로 정의했다. 여행 본능이 우리 안에 새겨져 있다는 말이다.

여행은 내 버킷 리스트에서 늘 일 번이었다. 그러나 모든 것에는 다 때가 있고 '인생은 타이밍'이라 보기에, 그때가 되어서 떠났다. 어떤 매력적인 목적지가 나를 끌어당긴 게 아니라 떠날 때가 되었기에 떠나야 한다는 당위성이 나를 움직였다.

누군가는 '그래도 떠나게 된 어떤 동기가 있지 않았냐?'라고 묻는다. 굳이 찾자면 '억울함'이었다. 그동안 수없이 떠나고 싶었으나 나를 둘러싼 이런저런 장애와 제한 등으로 가지 못했다는 억울함이 나의 등을 떠밀었다. 30년간 열심히 직장을 다닌 나에게 스스로 선물을 주고 싶었다. 그래서 과감히 '출발한다'에만 방점을 두고 준비했다. 내게 맞는 일정을 짜고 속도를 조절해가며 가슴이 뛰는 대로 가보려 했다. 혼자 자유여행으로!

'No plan is good plan!'이었다. 이집트 다합이 첫 번째 목적지라는 것과 몇 달 뒤 한 가지 일정이 있다는 것 외엔 아무것도 정해진 게 없었다. 일상을 벗어나 낯섦 속으로 떠나는 게 먼저였다.

그러나 일단 떠남은 미지의 공간으로 들어감이요 예상치 못할 상황 속에 나를 맡기는 것이다. 그런 불확실성 속으로 들어가려면 용기가 필요했다. 그래서 다합을 첫 번째 목적지로 삼았다. 물가가 싸고 한국 사람들이 많은 그곳에 한 달간 살면서 두려움을 없애고자 했다.

그리고 한 가지 원칙을 세웠다. 여행의 흐름을 따르되 숨 고르기와 호흡 조절이 가능한 여백이 있는 여행을 하기로 했다. 아무리 버킷 리스트 일 번이라도 미뤄둔 숙제 해치우듯 해서는 안 된다고 생각했다.

떠나기 위한 첫 번째 준비는 짐 가방 챙기기가 아니라 집 정리였다. 내 마음 가볍게 훨훨 다니기 위해 몇 달간 비울 집 청소부터 했다. 냉장고 정리, 옷장 정리, 만에 하나 길 위에서 무슨 일이 생겨도 뒤탈이 없을 정도로 책상 서랍 정리까지.

내 눈에 안경, 내 발에 맞는 신발처럼

사람들은 내게 '어찌 여자 혼자 여행을 그리 할 생각을 했나요?'라고 묻는다. 처음부터 혼자 떠날 생각은 아니었다. 몇 달간 직장, 가정을 비우고 자유롭게 함께 여행할 사람을 찾기가 쉽지 않았다. 그렇다고 포기할 수는 없었다.

데인 셔우드는 '죽기 전에 꼭 해볼 일들'이란 시에서 '혼자 갑자기 여행을 떠난다'를 가장 먼저 꼽았다. 혼자 가면 전부를 보고, 둘이 가면 절반을 보고, 셋이 가면 더 적게 보고 온다는 말도 있다.

혼자 가면 외롭고 힘들 것 같지만, 누군가와 함께 가는 것보다 시간의 밀도가 높다. 풍경을 봐도 더 몰입해서 보고, 음식을 먹을 때도 먹는 음식에 더 집중하게 된다. 그리고 도움이 필요할 때 사람들이 더 적극적으로 나서서 도와준다. 무엇보다도 혼자서 여행 계획을 짜고 실행하다 보면 여행 기술이 빠른 속도로 좋아진다.

물론 혼자 하다 보면 여러 가지 실수를 하고 부족함도 생기게 마련이다. 하지만 내 여행이 남들에게 인정받을 만큼 성공적이고 멋지며 폼 나야 할 이유는 없지 않은가. 내 눈에 안경이요, 내 발에 맞는 신발처럼 하면 된다. 사람마다 여행하는 목적과 이유가 다를 수 있으니 어차피 여행의 정석이나 모범답안은 없다. 가장 좋은 여행은 내게 맞는 여행이다. 혼자 하는 여행은 뭐든 내 마음대로 하면 되니 깊이 고민할 필요가 없다. 내 한계를 받아들이고 편하게 가다 보면 어느새 한 뼘 더 성장하게 된다.

영어에는 여행을 의미하는 단어가 여러 가지다. 좀 고된 여행은 travel, 비교적 짧은 여행은 trip, 둘러보기식 여행은 tour, 관광은 sightseeing이라 한다. 패키지여행은 sightseeing다. 차를 타고 목적지로 달려가서 잠시 보고는 다시 다음 목적지로 달려가는 식이다.

내 여행은 어슬렁거리며 여기저기 걷는 것이었다. 길 위의 모든 순간순간이 여행이었다. 하루 만 보 이상 걸으면서 풍경과 사람을 보고 주위를 살피며 나만의 사색과 사유를 즐겼다. 그렇게 몸소 겪은 시간들이 인생의 폭과 깊이를 더해줬다. 결과적으로 보면 여행을 의미하는 모든 단어를 두루 섞은 좀 긴 여정의 여행인 Journey를 한 셈이다.

놀멍쉬멍 내 맘대로 즐기자

이 책을 집필하며 가급적 정확한 정보를 기록하고자 노력했으나 시간적 오차가 있을 수 있고, 다른 사람의 피드백 없이 혼자 한 여행이다 보니 내용이 허술할 수도 있다. 모쪼록, 철저히 계획을 세우지 않아도 준비가 부족해도 자기 기준의 여행이 가능하구나 하는 마음으로 읽어주면 감사하겠다.

세상의 가장 엄중한 배움도 즐기면서 놀이하듯 할 때 학습 효과가 가장 크다. 그러니 신선한 충격이나 자극이 있는 일종의 로드 스쿨인 길 위에서의 여행만큼 좋은 것은 없다. 《연금술사》의 작가 파울로 코엘료는 "최고의 배움은 여행에서 얻어진다"라고 했다.

어디로 갈 건지 계획도 안 세우고 무작정 떠나 5개월 반 동안 북아프리카, 유럽, 아시아 18개국 48개 도시를 즐겁게 돌아다니다 무사히 잘 돌아왔다. 어디서 무얼 보든 놀멍쉬멍 할 시간이 차고 넘쳤기에 일상을 벗어난 쉼, 자유, 평화를 누렸다. 그리고 무엇보다도 여행은 나를 떠나기 전보다 더 가슴 따뜻한 사람으로 만들어주었다.

떠남은 용기보다는 간절함에 달려 있다. 간절함이 절박함이 되면 용기는 절로 생긴다.

가고 싶다면 일단 떠나라! 그다음부터는 알아서 흘러간다!

차례

PART 3 추억의 프랑스, 이베리아반도

PART 4 크루즈 타고 지중해 한 바퀴

PART 5 신비하고 애틋한 모로코

PART 6 쌀국수와 가족 상봉

PART 1

보다 멀리 북아프리카로

다합(시내산) … 페트라 … 카이로

내겐 쉼이 필요했다

이른 새벽에 드디어 이집트 다합에 도착했다. 인천에서 12시간 걸려 첫 환승지인 이스탄불 공항으로 간 뒤, 그곳에서 16시간을 기다려 이집트 샴엘셰이크 공항으로 가는 비행기로 갈아탔다.

그런데 그 긴 시간이 전혀 지루하지 않았다. 오랫동안 미뤄왔던 떠남에 대한 갈증이 해소되었고, 무엇보다 앞으로 펼쳐질 인생 2막을 생각하며 지난 세월을 되돌아보느라 시간 가는 줄 몰랐다.

하지만 샴엘셰이크 공항에 도착하자마자 일이 벌어졌다!

나 홀로 여행을 떠난다니 여행 고수 선배가 이런저런 정보를 알려주면서 여권, 비행기표, 코로나 예방접종서 이 세 가지만 있으면 아무 문제 없을 거니 너무 쫄지 말라며 용기를 불어넣어줬다. 그러면서 이집트에 도착하면 관광비자를 발급받아야 한다고 당부했다.

그런데 장시간 비행기를 타고 와 너무 힘들고 정신이 없어 공항에서 비자도 받지 않은 채 그냥 나와 버렸다! 이집트에서 30일 넘게 있거나 입국한 도시 외에 다른 도시에 가려면 25달러를 지불하고 도착비자 스티커를 구매해야 한다. 그리 하려고 돈도 꼬깃꼬깃 접어 지갑에 잘 넣어뒀는데 그만 깜박하고 나온 것이었다.

공항에 마중을 나온 지인이 '비자는 받았냐' 물어보기에 그제야

▶ 다합 해변가의 예쁜 호텔

▶ 눈앞에 펼쳐진 홍해

아뿔싸 하며 황급히 공항으로 돌아가 도착 비자 스티커를 받아 나왔다. 하마터면 마음 졸이며 한 시간 넘게 택시 타고 공항에 다시 올 뻔했다.

숙소에 도착하니 마침 첫 예배 시간을 알리는 아잔(Azan) 소리가 울려퍼진다. 공항에서의 비자 소동은 어느새 기억 저편으로 사라지고, 아잔 소리가 낯선 이방의 도시에서 이제 막 시작하는 나의 여행을 반겨주는 환영 인사처럼 들려왔다.

짐 정리를 마치고 나니 새벽 6시였다. 어차피 잠은 못 잘 시간이라 커튼을 젖히니 눈앞에 홍해 바다가 펼쳐졌다. 다합은 지중해로 이어지는 홍해 끝자락에 있다. 숙소 옥상에 올라가 주변을 둘러보다 바닷가에 불이 켜진 카페가 보이기에 무작정 그곳으로 갔다. 카페 이름이 '베두인'인데, 바닥이 흙으로 된, 정말 이름 그대로 베두인스러웠다.

▶ 베두인 카페. 커피까지 포함된 풍성한 아침식사 값이 우리나라 커피 한 잔 값이다.

전날 속이 안 좋아 기내식을 그대로 돌려준 탓에 배가 고파 아침식사를 주문했다. 시장이 입맛이라고 맛을 음미할 틈도 없이 배를 채우고, 아무 생각 없이 물소리 바람 소리를 들으며 앉아 있으니 긴장이 절로 풀렸다.

그렇다. 나는 쉼, 자유, 평화를 위해 떠나 왔다.

쉼.

명예퇴직을 하고 나서, 요양원에 계시던 친정 어머니를 내 처소에 모셨다. 8개월을 모시다 하늘나라로 보내드렸다. 누구에게나 삶과 죽음이 종이 한 장 차이임을 여실히 깨달았다. 내 육신적 한계로 좀 더 살갑고 성의 있게 돌봐드리지 못했다는 회한이 남았다. 그러나 그

마저도 이제는 바람 속에 다 날려버려야 했다. 인생도 결국 찰나생, 찰나멸인 것을. 이번 여행에서 어머니는 자주 나의 곁에 바람처럼 공기처럼 함께하셨다.

자유.

코끼리의 발을 어렸을 적부터 사슬로 묶어 두면 나중에 다 자라서도 제대로 움직이지 못하는 것처럼, 30년의 직장 생활이 온몸과 정신에 각인시켜 놓은 얽매였던 흔적들을 이제 하나씩 지우려고 한다. 그리고 그것들을 대신해 내 의식과 무의식에 자유와 자율성을 채울 것이다. 가정의 책무는 필요한 것이나 누구의 아내, 엄마, 딸로서만 존재하는 것은 아니다.

평화.

내면의 나와 진정으로 화해하고 화합을 이루는 평화가 필요했다. 평소 내가 표면 의식으로 생각하는 나보다 나의 본질 자아는 훨씬 크고 훌륭하다. 그런 자신의 정체성을 회복하고 존중감을 갖는 일은 어쩌면 나뿐 아니라 우리 모두에게 필요한 것이리라.

쉼, 자유, 평화를 이루고 나와 네게 비겁하지 않을 용기와 나와 너를 위한 존중, 배려심을 지니고 함께 살아가는 세상, 관계, 삶이 되길 희망한다. 결국 그런 아름다움이 우리 모두를 구원할 거라 믿으면서.

빨리빨리에서 슬로우 리듬으로

4월 첫 주인데 이집트는 이미 여름이다. 이곳은 우리나라보다 여름이 몇 달 빠르다. 바다 건너편에 사우디아라비아가 흐릿하게 보이는 게 신기했다. 지도에서만 보던 홍해 바다에 몸을 담그니 먼 곳에 와 있다는 실감이 났다. 잠시 선 베드에 누웠는데 혼절하듯 깊은 잠에 빠졌다. 도착하자마자 바삐 움직였던 탓인지 몸살기가 있어 숙소

▶ 홍해 바다에 몸을 담그다.

▶ 브런치 값이 커피 포함 7,000원이다. 커피만 마셔도 선 베드를 무료로 사용할 수 있다.

▶ 그린 샐러드는 우리 돈 2,600원, 샐러드 시키면 빵은 공짜!

로 돌아가 잠시 누워 있다 얼마 있지도 못하고 결국 와이파이가 되는 카페로 나왔다. '빨리빨리' 한국 리듬에서 이집선 '슬로우' 리듬으로 바꿔야 할 텐데 금세 되려나 싶었다.

햇빛은 강렬한데 습도 없는 바람이 불어 그늘과 실내는 시원했다. 게다가 생필품, 먹거리가 저렴해 마음이 푸근했다. 뜨겁지만 시원한 이 머나먼 이국의 여름을 사랑할 것 같다는 생각이 들었다.

"세상은 넓고 볼 것도 누릴 것도 정말 많습니다. 손품 발품을 많이 팔아서 움직이는 사람이 인생의 승리자인 듯합니다"라며 지난 수고의 때를 훨훨 벗고 재충전하고 오라고 노잣돈 듬뿍 넣어준 남동생, "의식의 성장은 이동 거리만큼이니 잘 다녀오시라"며 응원 메시지를 준 후배, "건강과 안전만 약속하고 부디 잘 쉬고 즐겁게 여행하고 오라"는 남편과 아들들, 모두 고맙다.

황야의 카르마

일몰이 아름답다는 다합 라구나 비치에서 말타기 체험을 했다. 승마는 여러 번 해보았지만 이번이 최고였다. 말을 타고 걷다가 드넓은 바닷가를 서너 번 내달렸는데, 그때의 긴장과 스릴을 잊을 수가 없다. 왜 사람들이 말타기를 즐기는지 이해할 수 있었다.

▶ 나를 태워 준 말, 카르마

다합에 도착한 날부터 이슬람인들의 5대 종교 의무 중 하나인 라마단이 시작되었다. 라마단 한 달간 새벽부터 해질 때까지 15시간 금식하고 오후 6시부터 식사를 한다. 5시에 승마를 하러 갔으니 일몰이 시작하는 풍경은 아름다웠으나, 마부와 함께하는 아들딸에게는 하루 첫 식사가 다가오는 시장한 시간이었다.

승마를 마친 후, 시장함을 견디느라 힘들었을 마부의 꼬맹이 아들의 초롱한 눈빛이 기특해 행복 기원을 담아 팁을 줬다. 딱히 팁을 줘야 하는 건 아니지만 고마움에 대한 나름의 표현이었다. 자본주의는 돈으로 타인의 시간과 봉사를 살 수 있으니 편하지만, 내가 받는 것에 대한 고마움은 잊지 말아야 할 것 같다.

베두인 사막 체험

책도 읽고 글도 쓸 겸 와이파이가 잘되는 카페에 왔다. 베두인에 대해 찾아보고 이집트 관련 책을 읽느라 시간 가는 줄 모르고 7시간을 앉아 있었다. 배가 고파, 문득 베두인 모닥불이 생각나 양고기 구이 같은 걸 시켰다. 꼬치처럼 몇 개 주는 줄 알았는데 양이 엄청났다. 기왕지사 어쩌랴. '내 생애 언제~' 하며 먹기 시작했는데, 밥은 손도 못 댔다.

▶ 양고기와 각종 소스

별 양념 없이 적당히 간이 밴 가지, 토마토, 당근도 맛있었고, 반찬처럼 나오는 각종 소스도 맛있었다. 하루 한 끼만 맛있게 먹어도 이리 행복한 것을.

저녁에는 숙소 일행들이랑 사막에 별

▶ 처음 본 뒷면이 둥근 아랍 기타 ▶ 베두인식 야외 카페

보기 체험을 하러 갔다. 구름이 끼어 별은 희미하게 보였지만, 모닥불 피워놓고 감자, 고구마, 마시멜로도 구워 먹고 최적의 온도에 바람까지 부니 온몸과 마음이 편안해졌다. 어둠이 깔린 몽환적인 분위기의 베두인식 야외 카페에서 푹신한 쿠션에 비스듬히 기대 앉아 편안하게 아라비아 기타 연주와 노래를 들으니 마치 시간이동을 한 느낌이었다. 전생에 내가 베두인이었나 싶게 이상하게도 베두인식 세팅도 좋고 음악도 친숙했다.

베두인들은 더 이상 유목생활을 하지 않지만, 자신들의 출신에 대해서는 여전히 자부심과 긍지가 각별하다고 한다. 국가란 개념에 구속되기 전 그들은 아라비아반도와 북아프리카를 자유롭게 이동하며 살던 유목민이었다. 카페에서 기타를 연주하며 노래를 부르던 분에게 약간의 사례를 하려 했는데, 완강히 거부했다. 베두인이라는 자부심은 그냥 있는 게 아닌 듯했다.

더 큰 자아를 만나는 시간

▶ 스노클링 후 잠시 떨다 핫초코를 마시고 안정을 되찾았다.

드디어 스노쿨링을 했다. 수영을 못하는 나는 얕은 물속에서 형형색색의 물고기와 노랑, 핑크, 베이지, 보라색 산호를 보며 속으로 환호성을 질렀다. '나도 너희들처럼 자유롭게 헤엄칠 수 있어!' 코로 숨쉴 수 있는 마스크라 물속에서도 숨이 차지 않았다.

가능한 오래 그 자유를 누리고 싶었으나 몇 차례 길게 했더니 갑자기 서늘한 느낌이 들었다. 급히 물에서 나오니 오한이 들고 이빨이 덜덜 떨려 입을 꽉 다물고 타월로 몸을 감았다. 바람이 열대풍처럼 불어도 수온은 아직 서늘한 4월인데 욕심을 부렸던 것 같다. 재밌고 짜릿한 첫 경험이었다.

각양각색의 사람들이 이번 생 체험을 위해 다양하게 살다 간다. 잠시 바닷가 한 나절 같은 짧은 인생을, 먼 바다까지 나가는 사람도 있지만 다들 해변 기슭에서 조개도 줍고 낚시도 하며 그렇게 보내다 간다.

여행은 시간, 돈, 체력 외에도 용기가 필요하다. 궁극적으로는 세

▶ 같은 장소라도 낮과 밤 풍경이 다른 느낌이다. 우리도 세상도 낮밤의 모습이 다르다. 그러나 그렇기에 세상도 사람도 존속되는 것이다. 낮만 우기는 자, 밤만 우기는 자, 다 철 모르는 사람이다.

상과 자신을 직면하기 위한 용기다. 여행을 떠나오기 전, 일상의 안락함과 나에게 최적화된 환경을 두고 낯선 상황을 맞닥뜨릴 때 과연 있는 그대로 수용할 준비가 되어 있는지 고민해보았다. 언제 어디서든 일어나는 일에 만족하고, 내가 선택한 것에 만족하고, 여행을 통해 배우는 것에 감사할 수 있다면 여행할 준비가 되었다 생각했다.

지구 몇 바퀴를 여행한 한비야님의 말이 와닿는다. "우리는 서로 다르다. 그리고 우리는 다 같다." 그렇다. 사람 사는 곳 어디나 다르면서도 같다.

여행은 고착된 편견과 아집, 인습의 틀을 깨고 나의 가면인 페르소나를 벗고 더 큰 나를 만나는 한 발, 한 발의 경험이다. 이동하는 거리만큼 의식이 확장되고 지금 여기에서 나의 몸과 마음이 하나되어 더 큰 자아를 만나는 시간이다.

시나이산에서 만난 사람들

다합에서 2시간 30분 거리에 있는 일명 '모세의 산'이라 불리는, 시나이산은 원래 기독인들의 성지순례 코스다. 나는 각자 신앙 표층 모습은 달라도 심층 본질은 같다고 보는 통종교적 마인드를 가지고 있으므로 특별한 종교적 의미 부여 없이 그냥 갔는데, '기대가 없는 곳에 놀라움이 있다'고 아주 좋았다. 자정 무렵에 올라가서 일출을 보고 내려오는 코스인데, 단순히 일출이 좋아서 가는 사람도 많다.

버스에서 내려 산길을 올라가는데 계속 따라오는 낙타를 보니 타 보고 싶어졌다. 떨어질까봐 무서워 몇 번을 망설이다 일단 한번 시도해 보기로 했다. 다행히 낙타 모는 분이 함께해서 안심이 되었지만, 긴장해서 낙타 안장의 뿔같이 튀어 나와 있는 부분을 꽉 붙잡고

▶ 시나이산과 귀여운 낙타. 낙타야 살살 부탁해~

▶ 마지막 쉘터에서 함께한 일행. 이집션 가이드, 아르헨티나 출신 요가 강사와 영국 아가씨
▶ 겨레는 상업적 어그로 없이도 유튜브를 잘하고 있는 진실된 청년이다. 잘되길 빈다!

탔다. 낙타를 타고 울퉁불퉁한 돌길을 걷는 일에 익숙해질 무렵, 고개를 들어 하늘을 봤더니 소쿠리에 가득 담긴 별들을 다 쏟아부은 듯 무수히 많은 별들이 찬란히 빛나고 있었다. 북두칠성이 오른손을 뻗치면 닿을 듯 아주 낮게 떠 있었다.

7킬로미터 여정이 온통 돌길이라 다른 일행들은 발 밑을 랜턴으로 비추고 가느라 하늘을 잘 못 보는데 낙타 위의 나는 밤 별을 원 없이 봤다. 낙타를 탄 것은 정말 탁월한 선택이었다. 낙타는 시나이산 정상 바로 아래 750계단 앞에서 나를 내려주었다. 거기서 다른 일행들을 만나 마지막 쉘터에서 쉬다 일출 시간에 맞춰 올라가기로 했다. 겨울 패딩을 입고 가길 잘했다. 새벽녘 기온은 5도인데 바람이 불어 몹시 추웠다.

러시아인, 영국인들이랑 함께 갔는데, 특히 아르헨티나 출신 런던 요가 강사 디아나랑 대화가 잘 통했다. "지구 문명이 기록된 역사가 1만 년도 안 되니 무얼 믿을까? 어쩜 넌 나랑 같은 생각이니?" 하며 서로 깔깔댔다. 그리고 스물한 살의 어린 나이에도 세상 물정 훤하고 친절과 절제가 몸에 배인 가이드를 보며 새삼 사람은 생물학적 나이

▶ 시나이산 오르고 내리는 길
▶ 산 정상 화장실, 자연 비데처럼 바람이 그저 말려주는 걸 경험했다.
▶ 일출을 기다리는 사람들. 떠오르는 해를 보며 나도 기도를 하고 묵상을 했다.
▶ 시나이산 정상 위에 있는 교회

가 가 아니구나라는 생각이 들었다. 시나이산을 함께 갔던 겨레도 마찬가지였다. 우리 아들 나이인데 사고방식과 하는 행동은 나이 든 사람 못지않게 성숙했다.

▶ 모세의 우물

▶ 가시나무 떨기에 불이 붙은 모습에 놀란 모세가 '신발을 벗어라'는 말을 들었다고 해서 시나이산은 일명 호렙산이기도 하다. 담 위에 있는 나무덩쿨이 가시나무다.

여행은 다른 풍경, 다른 곳에서 나와 다르면서도 같은 사람을 만나 소통하고 나누며 함께 배우는 체험이다. 내가 안다고 생각했던 게 진짜로 아는 것이 아니었다. 괜찮다는 자기 변명과 합리화를 하며 살았었는데 정말 괜찮은 게 아니었다. 여행은 진실된 모습으로 나와 세상을 직면하게 해주는 더할 나위 없이 좋은 방편이었다.

산에서 내려와 1500년 된 성 카트린느 수도원을 방문했다. 모세의 우물로도 유명한 곳이다. 돌아오는 버스를 타려는데 가이드의 눈에 빨간 핏발이 보여 생수 한 병을 사서 권했더니 라마단 기간이라 물도 안 마신단다. 아뿔사, 4월 한 달, 낮에 해 있는 동안은 담배조차 금한다는 사실을 잠깐 잊어버렸다. 시나이산도 밤 별도 가이드 눈의 핏발도 내겐 다 잊을 수 없는 순간으로 오래토록 기억에 남을 것이다.

페트라, 시간 여행을 떠나다

다합에서 새벽 3시에 출발해서 당일 자정 무렵 도착하는 일정(One day over night)으로 요르단 페트라에 다녀왔다. 대개는 3일 정도 걸리는 코스인데 좀 빡세게 갔다온 셈이다.

페트라는 '바위'란 뜻의 고대 유적 도시로, 세계 7대 불가사의 중 하나다. 기원전 7세기부터 아랍계 유목민이 거주하다 로마의 지배를 받았고, 6세기에 지진으로 묻혀버렸는데 19세기에 발견되었다. 아직 채 10퍼센트도 규명되지 않은 신비한 곳이다.

어느 영국 시인은 "영원의 절반만큼 오래된 장밋빛 같은 붉은 도시"라고 표현했다. 실크로드 교역지로 동서 문명의 교차점인 이곳은 붉은 사암이 둘러싼 천연 요새다. 거대한 바위 사이를 걸어들어가면 극장, 목욕탕, 상수도 시설이 있었던 숨겨진 도시가 나타난다. 바위를 깎아 그 속에 신전과 무덤, 동굴 거주지를 만든 나바테아인들. 그들의 붉은 도시 페트라의 장엄한 기운을 느끼며 거대한 바위 사이를 걸으니 마치 내가 시간 여행을 하는 느낌이 들었다.

영화 <인디애나 존스> 촬영지이기도 한데 그중 파라오의 보물창고란 뜻의 알 카즈네가 가장 유명하다. 신전의 6개 조각이 고대 이집트, 아시리아, 로마, 그리스 신화의 인물로 다양하게 표현된 것도 이

▶ 파라오의 보물창고 알 카즈네. 무덤 혹은 거주지로 추정되는 동굴들

▶ 마치 사람 얼굴처럼 생긴 동굴 ▶ 거대한 사암 절벽 ▶ 왕의 무덤 입구에서 생사일여를 떠올리며.

▶ 동행해주어 든든했던 한국 청년
▶ 실크로드 교역지답게 동서 문물이 융합된 다양한 수공예품

곳이 다문화적 요충지임을 알려준다.

걸어다니다 지쳐서 나귀를 타고 천천히 돌아보았다. 반나절 여정의 빠듯한 시간이었지만, 그래도 내 세포 안에 바위만큼 긴 시간의 흔적을 새겨넣기에는 충분했다. 우기에만 내리는 물을 받아 수로로 연결해서 저장하고 살았던 고대인의 지혜에 놀라고, 암벽도 뚫고 나오는 초록 생명들의 힘이 새삼 경이로웠다.

다합에서 아카바만으로 가서 페리를 타고 요르단으로 건너가는 체험도 재미있었다. 요르단은 이집트와는 또 다른 느낌이다. 뭔가 좀 더 정돈된 모습이다. 야간버스에서 페리로 옮겨 타고 다시 바다로 나아가니 이동의 피로가 다 씻겨나가듯 상쾌했다.

이래서 여행을 하나 보다. 안주하기보단 미지의 곳에 발을 닿기 위해 떠날 때 고생스럽기도 하지만 도착하는 곳마다 새로운 발견이란 훌륭한 보상이 따르니 말이다.

호흡에만 집중하면 모든 것이 순조롭다

그동안 몇 번의 스노클링으로, 아름다운 바닷속 풍경을 즐겼다. 처음엔 마스크를 하고도 물에 들어가는 게 겁이 났다. 수영을 못하는 데다 마스크 줄을 제대로 안 조여 물이 들어오면 당황해서 어쩔 줄 몰라했다. 그래서 산호와 물고기를 볼 수 있는 얕은 곳만 가고 낭떠러지 같은 깊은 곳은 엄두도 못 내다 어쩌다 살살 옆으로 가 보곤 했다. 한번은 해파리 같은 것이 발에 닿았는지 소스라치게 놀라니 옆에서 잠수하는 분이 괜찮다며 수신호를 보내왔다. 순간적으로 뭔가 내 발을 잡아끄는 느낌이 이런 게 물귀신인가 싶었다.

물속에서 예쁜 물고기를 만나면 너무 신기하고 나도 한 마리 물고기가 되어 무념무상하다가도 '갑자기 쥐가 나면 어쩌지?'라며 걱정을 하고, '별 일도 아닌 걸 가지고 Help Me~! 외쳤다가 동양 아줌마 위신 깎이고 창피당하는 건 더 싫은데…'라며 자기 검열을 하기도 했다.

이런 생각이 들면 눈앞의 예쁜 풍경은 사라지고 오만 가지 잡생각에 사로잡혀 즐기질 못했다. 스노클링을 하면서도 평정심 유지와 잠시도 쉬지 않는 혼잣말 셀프토킹, 잡생각 지우기를 번갈아 하느라 정신이 없었다. 그러다 고요히 호흡에 집중하면 내 눈앞에서 자유로이 유영하는 물고기들이 보이기 시작하고 다시 마음이 즐거워졌다.

첫 다이빙

드디어 그동안 벼르던 체험 다이빙을 했다. 스노클링으로 예행 연습은 했지만, 내 순서를 기다리는 동안 긴장이 되었다. 남들은 별거 아니라고 말했지만, 나는 엄청 심각한 얼굴로 20분간의 교육을 진지하게 받았다. 호흡을 중단하면 3분 안에 저세상 사람이 되니 물속 호흡이 정말 중요하다. 마우스피스를 이로 물고 입술을 오무린 채 산소통이랑 연결된 호스를 무는 연습을 몇 번 해본 뒤, 10킬로그램도 넘는 산소통을 메고 마치 우주복 같은 두꺼운 잠수복을 입었다.

무서웠지만 함께 들어갈 가이드만 믿고 용감무쌍하게 입수했다. 입술을 몇 번 벌리는 바람에 물을 먹어 당황했지만 교육받은 대로 코로 뱉어내면서 잘 견뎠다. 가이드가 물고기와 산호를 보라고 수신호를 보내는데도 마우스피스에만 온통 신경이 쏠려 아무것도 눈에 들어오지 않았다. 차차 안정을 찾고 호흡을 천천히 깊게 하자 물고기가 보이기 시작했다. 가이드의 손을 꼭 붙잡고 계속 아래로 내려갔다. 점점 많은 물고기와 산호를 보며 즐기게 되었지만, 긴장감을 떨칠 순 없었다. 마우스피스와 입술 오무리는 것에 너무 신경을 써 온몸에 힘이 빠지고 지친 느낌이 들어 가이드에게 올라가자는 수신호를 보냈다.

▶ 고요다. 물소리와 숨소리만 들린다. 크고 예쁜 물고기도 많았는데 카메라로 못 찍은 게 아쉽다.

짧았지만 나의 첫 다이빙은 무사히 끝났다. 체험 다이빙은 스카이다이빙과 함께 나의 버킷 리스트 중 하나였다. 내 안에 존재하던 또 하나의 두려움을 극복하자 밀렸던 숙제를 끝낸 기분이었다.

다이빙은 바닷속 풍경 못지않게 나에게 강렬한 교훈을 남겼다. 왜 명상하는 사람들이 처음부터 숨 고르기, 호흡에만 집중하는지 이제 확실히 깨달았다. 호흡에만 집중하면 모든 것이 순조롭다. 호흡이 흐트러지면 다이빙도 끝이다. 금세 입 속으로 물이 들어오고 허우적대다 물을 먹든가 밖으로 나오든가 해야 한다. 그러므로 마음을 최대로 안정시켜서 차분히 고요한 호흡을 하는 것이 관건이었다.

발을 땅에 딛고 걸을 때도 호흡이 안정되면 생각이 안정되고 마음도 고요하니 만사형통이다. 그렇지 않을 때는 생각이 흐트러져 분란해지면서 말도 행동도 함부로 하게 된다. 우주의 호흡, 우주 법칙도 그러하리라. 고요와 질서 가운데 별들이 쉼없이 운행하면서도 한 치의 부딪힘도 떨어져나감도 없다. 우주의 비밀은 지구, 지구의 비밀은 사람이라는데 그런 사람의 비밀은 호흡에 있다. 사람을 포함해서 모든 자연의 법칙과 이치가 호흡에 있을지도 모른다.

망상에 빠져 허우적대다

바람이 몹시 부는 어느 날, 승마를 했던 라구나비치 쪽으로 일몰을 보러 갔다. 아무 생각 없이 걷다 보니 어느덧 비치까지 가게 되었는데, 바람이 거세게 불어 날아갈 듯했고, 오가는 사람이 한 명도 없었다. 광활한 해변 저 멀리서 자동차 경주하듯 운전 연습하는 사람들과 바람을 이용해서 카이트서핑(kitesurfing)하는 사람들만 있었다. 순간 무서움이 엄습했다. 가끔 자전거 탄 사람이 지나가긴 하는데 혹시 가

▶ 무서워서 혼자 그림자 놀이를 하며 걸었다.

▶ 인생도 저 물결처럼 그저 들숨, 날숨일 뿐이니 순간을 느끼고 살자.

방 뻭치기라도 당하면 내 목소리는 바람 소리에 묻혀 들리지도 않을 텐데 하며, 이런저런 상상으로 한참 머릿속이 혼란스러웠다. 그러다 정신을 차리고 보니, 새처럼 자유롭게 카이트서핑을 즐기는 사람들은 이 미친 광풍을 기회 삼아 아무런 공포심도 없이 즐기는데, 나 혼자 괜한 망상에 빠져 허우적대는구나 싶어 스스로가 한심하게 여겨졌다.

사실 다합은 문을 열어놓고 다녀도 도둑이 없을 정도로 안전한 곳이다. 특히 라마단 기간이어서 더 그런지, 원래 이집트 남자들이 불친절하게 느껴질 정도로 무뚝뚝해서인지 여자 혼자 걸어다녀도 택시 호객 외에는 누구도 시시껄렁한 농담 한마디 던지지 않는다.

걷다 보니 돌에 앉아서 카이트서핑 하는 걸 보고 있는 노인이 있기에 그리로 가서 나도 함께 구경했다. 잠시 그렇게 시간을 보냈지만 여전히 마음이 불안했다. 마침 여행자 둘이 지나가는 걸 보곤 혼자 걷는 것보단 뒤따라 걷는 게 안전할 거라는 생각에 얼른 걸음을 재촉했다. 혼자만의 걱정과 불안 속에 걸었던 두 시간이었다. 숙소로 돌아와 생각해 보니 마치 악몽을 꾸고 나온 듯 후련하면서도 우스웠다.

그래도 카이로는 보고 떠나야지

첫 여행지 다합에서 한 달 살 생각으로 방을 구했지만, 모래바람이 불어 대고 초록을 보기 힘든 황량한 이집트 생활이 점차 힘들어졌다. 마음속에서 안 가 본 곳, 가야 할 곳이 자꾸 떠오르니 이제 떠나야겠다는 생각이 들었다. 하지만 유적지가 있는 룩소르는 포기해도, 박물관이 있는 카이로는 보고 이집트 탈출을 해야지 하면서 카이로행을 결행했다.

다합에서 혼자 여행 워밍업을 충분히 했지만, 복잡하고 시끄럽고 관광 삐끼가 많다는 카이로에 가려니 착잡해지면서 두려움이 앞섰다. 그래도 어쩌랴. 여행을 하며 겪어야 할 일이니 용기를 내어 카이로행 야간버스를 예약했다. 그리고 일주일간 피라미드도 원 없이 보고 스핑크스와 맞대면하고 가리라 마음먹고, 피라미드가 잘 보이는 곳에 있는 숙소를 예약했다.

▶ 10시간이나 걸리는 장거리행이라 겁을 먹었는데, 이집트는 버스 시스템이 잘 되어 있어 이용해 보니 저렴하고 편했다.

새벽에 카이로에 도착해, 악명 높은 택시 바가지 요금이 무서워 택시 어플을 들여다보고 있는데, 아니나 다를까 택시 기사들이 우르르 몰려왔다. 그래서 숙소 이름을 크게 외쳤더니 갑자기 한 미국 청년이 달려왔다. 자기도 같은 숙소이니 함께 타자고 하는데, 속으로 아니 이게 웬 횡재냐 했다. 대학원을 졸업하고 이스라엘에서 일하다 카이로에 잠시 여행 온 청년인데, 같이 타니 든직했다. 택시비는 이미 반값이 되었고, 우리 둘이 양보해서 기사에게 좀더 얹어주니 기사도 좋아했다. 셋이서 'Everybody is happy!'를 외쳤다.

그 청년 덕분에 다른 걱정도 해소되었다. 보통 호텔 체크인이 오후 2~3시여서 혼자 어디 근처 카페라도 가야 하나 했는데, 그가 미리 전화를 해둔 덕분에 아침 7시에 체크인할 수 있었다. 직원들도 매우 친절했다.

체크인 후 직원이 루프탑(옥상) 뷰를 지금 보겠냐 묻기에 마침 내 방이 루프탑 바로 아래층이라 따라 올라갔는데, 눈앞에 피라미드 원, 투, 쓰리가 나란히 서 있었다. 밤새도록 버스에서 자다 깨다 온 내 눈앞에 갑자기 나타난 피라미드가 진짜라는 게 믿기지 않았다. 정말 '기자 피라미드 뷰'라는 숙소 이름에 걸맞은 뷰였다.

방으로 가져다준 조식을 먹고 씻고 침대에 누웠지만 잠이 안 와 루프탑에 다시 올라갔다. 이번엔 두 번째 피라미드 앞에 있던 스핑크스가 눈에 들어왔다. 왕의 얼굴, 사자의 몸으로 지혜와 힘을 상징하는 스핑크스가 마치 집 지키는 강아지처럼 귀엽게 보였다. 아무도 없는 루프탑에서 혼자 흔들의자에 앉아 기자 피라미드를 독대하며 한참 동안 실컷 바라보다 내려왔다. 오늘은 카이로 입성과 숙소 무사 도착, 그리고 거리를 두

▶ 조식. 내가 빵순이긴 하지만 온종일 먹을 양이었다.

▶ 처음 본 피라미드 뷰와 다시 봤을 때 눈에 들어온 두 번째 피라미드 앞 스핑크스
▶ 다시 제대로 보니 피라미드 원, 투, 쓰리가 한눈에 보였다.

고 보는 피라미드, 이것에 방점을 찍고 만족하리라 생각했다.

일몰의 피라미드는 낮의 모습보다 더 위압적이었다. 하늘 끝 영원에 닿으려는 염원이었을까? 하늘을 원으로, 땅을 네모로, 사람을 세

▶ 저녁에 하는 피라미드 라이트 쇼

모로 보는 우리의 '원방각' 사상이 있는데 그들도 땅의 네모 돌을 세모로 쌓아 하늘에 닿으려는 의지였을까? 그렇게 생각해도 저 엄청난 규모는 말이 안 된다. 크기에 놀라는 사람이 많지만, 나는 왜 만들었는지가 더 궁금했다. 20~30년 동안 20만 명을 동원해서 2~15톤의 돌이 240만 개나 들어간 거대한 구조물을 만든 이유가 뭘까? 그것도 한 개가 아닌 여러 개를. 외계의 수신센터였을 거란 주장이, 단지 왕들의 광기로 만들어진 돌무덤이라는 것보다 오히려 더 믿고 싶어졌다.

저 멀리 예배 시간을 알리는 아잔 소리가 울려퍼졌다. 피라미드의 뾰족한 꼭대기마냥 마음을 파고들었다. 내게는 염불이나 찬송이나 아잔이나 다 같은 영혼의 울림이요 회향이다. 피라미드에 대해 이제 더 이상 묻지 말라는 듯했다. '그저 바람처럼 왔다가 사라지는 생명들인데 무얼 그리 애타게 굳이 알려 할까. 그냥 바람처럼 왔다 가면 될 것을~.' 반복되는 아잔 소리가 중독성이 있어 그리 세뇌하는 것 같았다.

반값 택시 투어를 하다

루프탑에서 아침을 먹는데, 옆에 앉은 이탈리아 투숙객이 오늘 레드 피라미드, 굴절 피라미드, 사카라 피라미드, 멤피스 박물관에 갈 거라며, 며칠간 동행한 택시 가이드가 정말 좋은 사람이라고 칭찬을 아끼지 않았다.

그렇지 않아도 기자 대피라미드 내부를 보러 가려 한 투어 예약이 취소됐다고 어제 저녁에 연락이 와 오늘 별 계획이 없었는데, 반값 택시 투어를 하게 생겼다며 따라나섰다.

레드 피라미드는 이름처럼 다른 피라미드와 달리 붉은색이었다. 그리고 굴절 피라미드는 반듯하지 않고 굽은 모양이었다. 피라미드 돌을 만져보니 매끈매끈했다. 택시 가이드 예세르 말에 따르면 산에서 돌을 깎고 다듬어 나일강 수로로 이동시켰다고 한다.

맘씨 좋게 생긴 푸근한 예세르 덕분에 3일간 카이로 시내를 편하게 잘 돌아다녔다. 예세르가 일정을 짜서 동선에 맞춰 나를 목적지에 내려주면 구경을 마친 다음 전화를 걸면 바로 달려와 주었다. 단체 투어에 비해 비용도 비싸지 않고, 혼자하는 투어라 시간도 내 맘대로 편하게 바꿀 수 있어 좋았다. 무엇보다 거대하고 복잡한 카이로에서 혼자 여행하는 작은 동양 여자의 안전을 책임져 줘서 고마웠다.

▶ 레드 피라미드. 피라미드 내부를 보려면 저 멀리 보이는 입구를 향해 한참 걸어가야 한다.

▶ 굴절 피라미드. 피라미드 한쪽이 자연적 훼손으로 무너져내렸다.

또 하나의 징검다리를 건너가다

굴절 피라미드 내부를 보러 들어가면서 내 안에 소동이 있었다. 묘실을 보려면 수십 계단을 내려갔다 다시 수십 계단을 올라가야 한다는데, 입구를 들여다보니 악몽에서나 보이는 좁은 터널이었다. 한참 망설이고 있으니 뒤에서 웬 이집션 할아버지가 '마이 패밀리가 바로 앞에 갔으니 염려 마라, 같이 가 주겠다'고 했다. 그러면서 내 가방도 대신 메주고, 아무 걱정 말고 들어가도 된다며 등을 떠밀기에, 내가 소리 지르고 기절해도 끄집어내어 줄 사람은 있으니 되겠다 싶어 아래로 내려가기 시작했다.

그래도 터널임을 인지하는 순간 숨이 막히려는 폐소공포증이 느껴졌다. 나는 낯선 곳에서는 혼자 엘리베이터를 잘 안 탄다. 엘리베이터가 고장나서 덜컥 서 버리고 안에 갇히면 어쩌나 하는 망상을 한다. 그리고 운전하면서 터널을 통과할 때도 가슴이 답답해져 오고 어

▶ 굴절피라미드 내부로 들어가는 입구 ▶ 입구에서 내려다본 내부

디서든 시야가 가려지면 숨이 막히듯 기분이 안 좋다.

방법은 하나였다. 터널임을 나 스스로 인지하지 못하도록 눈을 바로 내 발밑에만 고정하고 내려가는 것이었다. 그러면 머리를 수그려도 닿을 정도로 좁은 통로임을 의식하지 않고 숨은 쉴 수 있다. 그렇게 천장과 좌우벽을 보지 않고 내 발만 보며 집중하니 두려움이 안 생겼다. 뒤에서는 할아버지가 자꾸 괜찮다며 안심하라고 했다.

그런데 거의 다 내려갔을 무렵 먼저 들어갔던 젊은이를 만났는데, 그는 백인 청년이었다. 순간 뜨악했다. 앞 사람이 자기 가족이라 속이고 뒤따라와서는 내게 돈을 받으려 한 걸 그제야 눈치챘다. 청년에게 왕의 묘실이 볼만하더냐고 물으니 그냥 운동 삼아 간다 생각해라, 별건 없다고 했다. 그 말을 듣자마자 나는 황급히 되돌아 나왔다. 나를 속인 이집션 할아버지가 괘씸했다. 그래도 나올 때는 다행히 무서움이 덜했다. 물론 이때도 벽을 보지 않고 내 발만 보고 걸었다.

피라미드 내부 탐방을 통해서 오늘 하나 다시 확인하며 배운 사실! 다이빙할 때는 호흡에만 집중해야 하듯, 무엇이든 오직 지금 이 순간 내가 하는 일에만 집중할 것, 그것이 가장 순수한 것이고 두려움을 극복하는 최고의 방법이다.

굴절 피라미드야, 고맙다! 마음의 장벽을 허물고 내게 쉽지 않은 또 하나의 징검다리를 건너가게 해줘서.

귀여운 사기꾼 할아버지

굴절 피라미드를 본 다음 사카라 피라미드로 이동했다. 사카라 피라미드는 가장 오래된 피라미드라 '마더 피라미드'라고도 한다. 초기 피라미드들은 계단식으로 되어 있는데, 그렇게 만들면 덜 무너져

▶ 사카라 피라미드 입구 ▶ 입구에 있는 회랑 ▶ 못 말리는 이집션 할배들

만들기 쉬웠기 때문이다. 들어가는 입구에 있는 회랑처럼 생긴 곳은 미이라도 만들고 제사도 지낸 곳이라 하는데 웅장하고 분위기가 있었다.

여기서도 또 이집션 할아버지한테 당했다. 사진을 찍으려고 포즈를 취하면 어느새 다가와서 같이 찍힌 다음 돈을 달라 하고, 독사진을 찍으려 하니 비켜 달라 하면 아예 자기 지팡이를 내 손에 쥐어주고 자기 스카프는 내 목에 걸어주고 도망갔다가 잠시 뒤 돌아와 소품값이라며 돈을 달라 했다.

그런데 얼굴을 보면 완전 사기꾼은 아니고 귀여운 사기꾼 정도니 안 줄 수도 없었다. 돈을 주면 이집트 스몰 머니는 싫다며 유로 없냐, 달러 없냐 한다. 어처구니가 없어 싫음 관두라 하면 화를 내면서 다시 와서 받아갔다. 못 말리는 이집션 할배들이다.

호객 행위 때문에 짜증이 나다가도 웃음이 절로 났다. 수천 년 전 파라오 가문의 개망나니였을지도 모를 사람이 지금 이렇게 살고 있을지도 모를 일이다.

멤피스 박물관에 만난 팔등신 조각미남

90명의 자녀를 둔 왕

멤피스 박물관(정식 명칭은 미트 라히나 박물관이다)은 이집트 왕들 중 가장 강력하고 위대했다는 람세스 2세의 석상을 비롯해 그와 관련된 유물을 모아둔 곳이다. 박물관에 들어서면 바로 등장하는, 10미터 길이의 거대한 석상을 보며 처음 드는 생각은 '와~ 잘생겼다'였다. 대리석처럼 매끄러운 얼굴로 누워 있는 그는 정말 조각미남이었다. 물론 과장된 면도 있겠지만 몸매 또한 팔등신 이상이었다.

람세스란 이름은 '태양신 라에 의해 태어났다'는 뜻을 담고 있다. 67년의 재위 기간 동안 영토와 세력을 확장해 왕궁을 비롯해 수많은 신전과 건물을 지었다. 기원전 12세기에 만들어진, 수천 년 전 유물들이 이렇게 남아 있다는 게 놀랍다. 람세스 2세 외에는 아무도 당기지 못했다는 왕 전용 활이 있을 정도로 강한 전사였으며, 무려 90명의 자녀를 두었다고 한다.

그의 가장 뛰어난 업적은 평화 유지가 아니었을까 싶다. 당시 청동기 무기를 사용했던 막강한 히타이트와의 오랜 전쟁 끝에 히타이트 왕녀를 왕비로 맞이해 평화조약을 체결했는데, 이는 세계사 최초의 평화조약으로 평가된다. 그렇게 전쟁을 종식하고, 대건축을 통해

▶ 람세스 2세 석상. 일부 훼손되긴 했지만 세우면 무려 10미터나 된다.

▶ 당시 신전에 사용되었던 기둥머리인 주두(柱頭, capital). 야자나무, 백합 등의 식물 모양이다.

▶ 가운데 있는 람세스 2세를 양쪽에 있는 신들과 동급으로 여겨 같은 크기로 만들었다.

▶ 박물관 앞 파피루스 가게에서 이시스와 헤토르 그림을 샀더니 달달한 민트차를 끓여주었다.

백성들에게 일자리를 창출하며 나라를 지혜롭게 다스린 람세스 2세는 용자(용감한 자)이자 현자였던 것 같다.

이슬람 미술 박물관

이슬람 미술 박물관은 목공예, 석고 공예품뿐만 아니라 이슬람 금속, 세라믹, 유리, 수정 및 직물 제품 등이 전시되어 있는 세계에서 가장 뛰어난 박물관 중 하나다. 규모는 작으나 런던의 빅토리아 앤 알버트 디자인 뮤지엄과 비슷한 느낌인데, 유물은 더 오래된 것들이다. 정교한 테두리가 있는 페이지에 은색 잉크로 쓰인 꾸란 사본을 비롯해 약 4,500점의 유물이 전시되어 있다.

박물관 내부에서 학생들이 그림을 그리고 있었다. 주로 디자인 미술 관련 공부를 하는 학생들이 이곳에 와서 스케치도 하며 배운다고

▶ 생긴 그대로가 캘리그래피 같은 아랍어
▶ 사원이나 길에 두었던 물병
▶ 정교한 문양
▶ 음식을 보관하던 통. 마치 삼단 도시락 같다.
▶ 박물관에서 그림을 그리는 학생들

한다. 이슬람 특유의 화려하면서도 섬세한 표현들을 익혀서 전승하는 모습이 보기 좋았다.

이집트 신화 이해하기

나는 박물관을 사랑한다. 역사의 흔적을 더듬어 시간적 통찰을 할 수 있는 곳이기 때문이다. 런던의 대영박물관이나 뉴욕의 메트로폴리탄 미술관, 파리의 루브르 박물관은 여러 번 방문해서 차분히 감상해야 제대로 볼 수 있다. 그런데 카이로 박물관은 반나절 일정을 잡고 봤는데도 충분했다. 주로 이집트 고대 역사와 관련된 유물이 전시되어 있었다. 제대로 전시되지 않은 채 구석에 방치된 것들도 많았는데, 가이드 말로는 그런 것들은 다른 박물관이나 사막에 새로 짓는 박물관으로 옮겨질 예정이라 한다.

카이로 박물관을 감상하려면 기본적인 이집트 신화와 역사를 좀 알고 가는 게 좋다. 이집트는 인류 문명 최초의 발상지라 불리는 나일강을 따라 농업이 발달했으나 국토의 70퍼센트 이상이 사막이다. 이집트 신화에서 가장 중요한 신은 농경과 식물, 즉 생명의 신인 오시리스다. 이집트 사람들은 오시리스가 죽은 사람을 다시 깨운다고 믿었다. 나는 오시리스보다는 그와 결혼한 이시스가 더 흥미로웠다. 어느 날 혹시 여신은 없을까 궁금해 찾아보다 만난 이름이 이시스였다. 대부분 신화가 드라마틱하듯, 이집트 신화 역시 그러하다. 일종의 신비주의에다 인간적인 막장 드마마 요소도 많아 의식을 좀 확장해야 받아들여진다.

오시리스의 동생 세트가 오시리스를 살해하고 오시리스의 아들인 호루스의 왼쪽 눈을 뽑아버리자 이시스가 세트의 성기와 다리 한쪽

▶ 카이로 박물관 입구. 박물관 안팎에 스핑크스가 있다.
▶ 동물들도 미이라로 만들었다. 금색의 화려한 양 미이라
▶ 왼쪽이 세트, 오른쪽이 호루스
▶ 궤짝의 그림이 재미있다. 한 부분은 이중섭 그림을 연상시켰다.

을 자르고 그를 지하세계에 가둬버린다. 이시스는 주로 소뿔 안에 태양 원반을 이고 있는 모습으로 표현되는데, 신성한 어머니의 상징으로 그리스와 로마제국에서도 숭배되었다.

'호루스의 눈'으로 유명한 호루스는 보통 매의 머리를 한 남성으로 표현된다. 지금도 이집트 항공기의 수직 꼬리에는 안전을 기원하는 의미로 호루스의 심볼이 그려져 있다.

호루스의 부인인 하토르는 사랑과 미의 여신이며, 이시스와 마찬가지로 주로 소뿔과 태양 원반을 머리에 이고 있다. 세트는 사막의 신이자 대상(隊商, 카라반)들의 수호신이며 모래폭풍의 신으로 여겨진다. 주로 개나 자칼의 머리로 표현된다.

3대가 나란히 묻힌 기자 피라미드군

이집트의 여러 피라미드 중 기자 피라미드군이 가장 유명한 것은 보존 상태가 좋고 규모가 가장 크기 때문이다. 기자 지역은 나일강으로부터 9킬로미터, 카이로 중심에서는 13킬로미터 남서쪽으로 떨어진 곳에 있다. 이곳은 암반이 튼튼하고 평원인 데다 피라미드의 주 자재인 석회석을 인근 채굴장에서 쉽게 조달할 수 있어 피라미드 건설에 유리했던 것으로 보고 있다.

▶ 기자 피라미드군

▶ 기자 피라미드군 앞에서 낙타를 타고
▶ 카프레 왕 피라미드의 꼭대기 부분이 훼손되지 않은 원래 모습이다.
▶ 대스핑크스 ▶ 배가 있던 자리

기자 피라미드군의 3대 피라미드는 남서축으로 동일선상에 일정한 간격으로 서 있었다. 그중 가장 큰 것이 쿠푸 왕의 대피라미드로 높이가 147미터에 달한다. 건설에만 30년이 걸렸고 2.5~15톤이나 되는 석조 블록을 230만 개가량 쌓아 올렸다고 하니 그 규모가 놀랍다. 그리고 중간에 있는 피라미드는 쿠푸 왕의 아들인 카프레 왕의 것인데, 그 유명한 대스핑크스가 그의 얼굴을 나타낸다고 한다. 세 피라미드 중 가장 작은 것은 카프레 왕의 아들인 멘카우레 왕의 피라미드다.

피라미드는 건축 당시 화강석으로 겉을 마감해 표면이 매끄러웠는데, 이후 풍화와 인위적 훼손으로 표면이 벗겨져 지금처럼 돌이 드러난 상태가 되었다. 그런데 유일하게 카프레 왕의 피라미드만 상부에 하얗게 보이는 표면을 유지하고 있어 마치 흰머리 독수리처럼 보였다.

3대 피라미드 외에도 여러 개의 소규모 부속 건물이 있었다. 이른바 '여왕의 피라미드'라 불리는 위성 피라미드군과 마스타바라는 벽돌과 돌로 만들어진, 고대 왕과 귀족들의 직사각형 분묘 건축물이다. 영혼을 믿는 사람들은 각자 어떤 형태로든 사후세계를 믿지만, 특히 고대 이집트인들은 이승에서의 죽음이 다음 세계로 떠나는 여정의 시작이라 여겼고, 영혼이 그 몸을 이어받아 다시 연장된다는 생각이 강했던 것 같다. 그래서 파라오의 시신을 미라화해 잘 보존하면 그 시신이 내세로 이어진다고 여겨 이 엄청난 일들을 하지 않았을까 싶다.

쿠푸 왕의 대피라미드 건축 연대를 기원전 2580~2560년경으로 보므로 가이드의 말처럼 피라미드의 역사는 거의 5천 년이다. 그래서 헬레니즘 시대부터 대피라미드는 세계 7대 불가사의 중 하나로 꼽혔다. 오늘날까지도 풀리지 않은 고대와 현존의 불가사의기도 하다.

지금은 터만 남았지만 양 피라미드 사이에 태양의 배 혹은 왕의 배들이 있었다고 한다. 에세르 말에 따르면 5천 년 전 피라미드가 지어질 당시는 카이로도 기자도 모두 나일강 유역이었다. 그래서 배가 여기까지 다닐 수 있었다는데 그럴 수도 있고 아닐 수도 있다. 백 년도 아닌 오천 년 전 일이니 말이다.

피라미드 내부 탐방

굴절 피라미드에서 경험한 것을 바탕으로 용기를 내어, 다시 피라미드 내부에 조심스레 들어가보기로 했다. 쿠푸 왕의 대피라미드는 들어가는 통로가 너무 좁아서 패스하고, 중간 피라미드인 카프레 왕의 피라미드에 도전해보기로 했다. 이곳도 들어가는 통로는 좁았으나 다행히 중간 지점에 넓은 공간이 있었다.

▶ 피라미드 내부로 내려가는 길. 중간 지점에 있는 넓은 공간
▶ 관리인이 왕의 묘실 앞에 쳐진 줄 안으로 들어가게 해줬다.
▶ 피라미드 주변에 있는 작은 무덤들 묘실 내부

마침내 왕의 묘실에 도착하니 앞선 팀이 다 나가고 그곳을 지키는 관리인 한 사람밖에 없었다. 그는 마치 내 마음을 아는 것처럼 나더러 가만히 앉아 피라미드의 기운을 느껴보라며 묘실 앞에 쳐진 줄을 걷어 주었다. 그의 허락하에 왕의 석관을 만져본 뒤 그 옆에 앉아 심호흡을 하고 눈을 감고 짧은 명상을 했다. 여신 이시스와 돌아가신 나의 어머니, 그리고 나의 아들들이 떠올랐다.

가정집처럼 생겼는데 묘지 마을이라니

시타델은 요새를 뜻하는데, 십자군전쟁으로부터 이집트를 지키기 위해 세워졌다. 이곳에는 군사박물관과 무함마드 알리 모스크가 있다. 규모나 화려함의 차이는 있지만 모든 모스크에는 높은 돔 지붕과 유리 샹들리에, 스테인드글라스가 있다.

그리고 넓은 홀에는 의자 대신 바닥에 카펫이 깔려 있다. 모스크 한구석에서 잠시 다리 뻗고 누워 보았다. 누워서 높고 둥근 천장을

▶ 시타델 요새 안 무함마드 알리 모스크. 두 개의 높은 첨탑이 눈에 띈다.

▶ 무함마드 알리 모스크 바깥 회랑

▶ 술탄 하산 모스크 벽에서 움푹 들어간 곳을 향해 기도를 한다. 메카 방향을 나타내기 위한 것이다.

▶ 수학과 기하학의 천재이자 빛을 잘 이용할 줄 알았던 이슬람인들이 없었다면 유럽의 르네상스도 없었을지 모른다. 술탄 하산 모스크 펜던트처럼, 늘어뜨린 조명이 은은한 아름다움을 빛낸다.

바라보니 그리 편할 수가 없었다.

시타델을 나와 무함마드 알리와 그 가족들이 묻힌 '맘루크 템플'에 갔다. 지하 3미터에 시신을 안장한 다음 그 위에 여러 층의 높은 석관을 올려둔 묘들이 있었다. 벽면은 여러 지역에서 가져온 대리석으로 치장되어 있었다. 특히나 첫째 부인의 묘실이 매우 화려했다. 사후세계를 꾸미는 데 얼마나 공을 들였는지 알 수 있었다. 묘를 치장

▶ 높은 석관을 올린 화려한 무덤 ▶ 무함마드 알리의 첫째 부인 묘실
▶ 동네 한가운데 놓인 석관들과 비석들 ▶사람이 살지 않아 골목에 적막감이 감돈다.

한 정성도 대단하지만 생전에 더 사랑하며 살다가는 게 좋겠다는 생각이 들었다.

맘루크 템플을 나왔는데 동네가 너무 조용해 이상한 느낌이 들었다. 인적이 없고 비석 같은 게 보이기에, 예세르에게 어떤 곳이냐고 물었더니 잠시 뜸을 들이더니 공동묘지 구역이란다. 분명 가정집처럼 생겼는데….

사후세계를 중시하는 이슬람 부자들이 집을 지어 비석과 석관 등을 두고 묘지 관리인에게 돌보게 했는데, 주로 시골에서 올라온 가난한 사람들이 묘지 관리인을 자청했다고 한다. 나중에는 카이로 도시 빈민들이 모여들면서 식수, 취사, 화장실 등 여러 문제가 생겨나 정부가 나서서 다 옮겨가게 했다. 십 년 전만 해도 카이로 인구의 10퍼센트인 200만 명이나 되는 사람들이 이곳에 살았는데, 지금은 아무도 살지 않는다. 묘지 마을에서 고대 이집트 사람들의 사후세계에 대한 강력한 믿음이 오늘날까지 이어져 내려오고 있음을 알 수 있었다.

현지인 집에서 최고의 환대를 받다

투어 마지막 날, 예세르가 나를 집으로 초대했다. 사실 여행지에서 현지인의 집 초대는 심신의 보양이요 최고의 환대라 너무 고마웠다. 장모, 부인, 아들, 딸이 함께 사는데, 다들 환한 웃음이 아름다운 단란한 가정이다. 음식이 나올 무렵 같이 사는 첫째 처남이 들어오고, 좀 있으니 둘째 처남이 부인을 대동하고 들어오고, 식사를 마칠 무렵 예세르 남동생이 들어와 같이 밥을 먹었다. 이곳 사람들은, 서양처럼 초대된 사람들이 다 같이 시작해서 같이 끝내는 것이 아니라, 우리처럼 밥 먹다 누가 오면 자연스레 숟가락 하나 더 얹어 같이 먹는다. 둥근 상에 먹는 것도 그렇고, 이집트의 식문화는 우리와 비슷한 게 많은 듯하다.

음식에서 만든 이의 정성이 느껴졌다. 쌀과 함께 가지, 호박, 오이 등의 채소를 넣어서 만든 요리, 냄새가 전혀 나지 않는 양 스튜, 토마토와 오이 샐러드, 우리식 숭늉처럼 밥이 들어 있는 구수한 수프, 그리고 고기를 갈아넣어 살짝 튀긴 빵까지 하나같이 다 맛있었다.

예세르 덕분에 이집트에서 또 하나의 좋은 추억을 남기게 되어 고마웠다. 이집트 사람과 생활풍속에 대해서도 좀 더 들여다볼 수 있는 기회였기에 더욱 감사했다.

▶ 예세르 부인과 장모님. 67세인 장모님 요리 솜씨가 좋았다. 둥근 밥상에 함께 둘러앉아 먹었다.

황무지 사막에서도 우뚝 솟아 오랜 세월을 덤덤히 버티는 대추야자나무처럼 5천 년의 역사를 가진 이곳 사람들은 강인하다. 이런 척박한 곳에서도 살아 버티고, 골목에는 아이들의 웃음소리가 있고, 사람들의 대화에는 활기가 넘치니 말이다.

만나는 사람마다 인사하는 이웃과 공동체 마인드를 가진 이곳에는 끈끈한 정이 넘친다. 대대로 카이로맨인 예세르는 기자 지역엔 온천지가 그의 친척일 수밖에 없다며, 연신 인사를 하느라 바빴다. 기자 피라미드를 안내해줬던 그의 처남도 마찬가지였다. 바삐 지나가면서도 아는 사람이 보이면 꼭 손을 흔들며 인사를 했다. 그러고 보니 페트라에서 가이드를 해줬던 파라오를 닮았던 모하메드도 가이드 하는 중에도 연신 주변에 인사하느라 바빴다.

이집트의 과거와 현재를 보며, 피라미드의 인상적인 모습과 그곳에서의 기억들을 지니고 이제 이집트를 떠난다. 사람 사는 곳은 어디나 다른 듯 보여도 다 비슷하다는 가슴의 울림을 지닌 채 '알함두릴라' 모든 걸 신께 감사한다. '인샬라' 모든 것을 신의 뜻대로, 나를 맞이해준 모두에게 '슈크란' 감사하다.

PART 2

매력적인 남동유럽

트빌리시 … 예레반 … 프라하 … 부다페스트

비엔나 … 자그레브 … 스플리트 … 두브로브니크

남다른 따스함을 지닌 트빌리시

이집트에서의 한달살이를 마치고 어디로 갈까 고민하다 조지아 트빌리시로 가기로 했다. 첫 여행국이었던 이집트에 대해 자세히 알고 간 게 아닌 것처럼, 조지아에 대해 아는 거라곤 '거기 가보니 좋더라'는 식의 정보밖에 없었다. 막연하게 한번 가봐야지 하는 게 다였다. 이번 여행은 어차피 무계획이 계획이었다.

여행 기간 5개월, 7월에 예정된 일정 하나, 이 두 가지 외엔 비워두었다. 다만 가슴이 원하는 곳으로 나를 열어두기로 했다. 그래서 우연을 가장한 필연 같은 상황이 나타나면 잽싸게 그걸 낚아채고 실행했다. 심리학자 칼 융은 이런 걸 '동시성(Synchronicity)'이라고 했다.

카이로 공항에서 나를 다음 행선지로 이끌어줄 비행기를 보니 다시 떠난다는 생각에 가슴이 설레었다. 확실히 난 정착민보다는 유목형 노마드 쪽 같다. 새벽에 출발하고 한 번 갈아타야 하는데 환승 시간이 짧아 마음을 졸였지만, 무사히 연결돼서 기분이 좋았고 세 번째 이동을 하니 여행에 자신감도 붙었다.

사막지대에서 고작 한 달가량 살다 왔는데, 조지아 트빌리시 공항에 착륙하면서 싱그러운 녹색을 보니 갑자기 흥분돼 사진을 마구 찍어 댔다. 첫날 숙소 근처 공원에서 찍은 사진도 온통 나무 사진이었다.

▶ 붉은 새가 인상적인 에어아리비아 비행기
▶ 까맣게 탄 발에 슬리퍼를 신은 꾀죄죄한 내 행색이 우스워 보였는지 입국소 직원은 내게 얼마 동안 있을 거냐, 돈은 있냐며 꼬치꼬치 캐물었다.

숙소에 공항 픽업을 부탁했더니 키 큰 조지아 아저씨가 마중나와 무거운 가방을 척 들어줬다. 또한 환전 방법, 유심카드 구입법까지 친절히 설명해줘서 수월하게 처리할 수 있었다(유심은 공항에서 사면 조금 비싸다). 체크인 시간보다 이른 시각에 도착했으나 바로 체크인을 해주었다. 호텔 내 조식 식당과 직접 운영하는 레스토랑의 장식용 꽃 소품 하나도 주인이 직접 만들 정도로 섬세했다. 손님들을 잘 케어하려는 마음이 느껴졌다.

이번에도 숙소 운이 좋았다. 나는 숙소를 고를 때 위치와 청결도, 직원 친절을 중요시한다. 여자 혼자 하는 여행이기에 위치(교통 접근성)가 좋아야 안전하다. 그리고 청결도는 잘 관리되고 모든 것이 정상 가동되고 있다는 표시고 손님에 대한 기본 배려다.

'평화의 다리'가 숙소 바로 옆에 있는데, 평화를 갈구하는 마음마냥 곡선으로 생긴 다리가 아름답다. 다리를 지나가니 공원이 나오고 음악 소리가 들렸다. 쿠라강 황토 강물 위로 하늘빛 다리가 마음을 안정시켜 주었다. 트빌리시 올드타운에는 대부분 마차가 다니던 자갈길 위로 차들이 지나다니는데 이런 올드함이 편안함으로 다가왔다.

▶ 숙소 근처 동네 풍경
▶ 첫 이미지로 다가온 '평화의 다리'
▶ 세차게 흐르는 쿠라강
▶ 따뜻한 거 먹고 싶다니 가져다준 수프. 피로가 확 풀렸다.
▶ 손녀가 생기면 사 주고 싶은 화관
▶ 소시지처럼 생긴 추르츠켈라. 포도즙, 밀가루, 견과류를 넣어 만든 간식이다. 너무 달지 않아 좋다.

만년설에 덮여 있는 신성한 카즈베기산

해발 5,047미터 높이의 카즈베기산은 화산 분출 산이다. 조지아에서 세 번째로 높은 산이며, 신화와 종교, 전통적으로도 의미가 가득한 우리나라 백두산 같은 곳이다. 세계적으로도 유명해서 여름엔 트레킹하러 오는 사람도 많다.

출발하기 전, 3월까지도 눈이 쌓여 길이 막혀 있었다는 말에, 나는 눈 덮인 만년설을 볼 수 있겠다는 설렘을 안고 차에 올랐다. 마슈르카 소형 밴에 탄 일행은 가이드와 기사 포함해서 모두 7명이었다. 가다가 호수 주변에서 휴식 시간을 잠시 가졌는데, 거기서 망토 같은 걸 샀다. 카이로에서 올 때 짐을 줄이기 위해 기부 아닌 기부로 두꺼운 티와 조끼, 양말까지 다 주고 왔는데 고산지대라 생각보다 많이 추워서 어찌할 도리가 없었다.

카즈베기산으로 가는 도중 게르게티 삼위일체 교회에 들렀다. 14세기에 지어진 건물이 고스란히 남아 있다는 것 자체만으로도 놀라웠다. 우리 동네에 있는 지리산 천왕봉은 해발 1,915미터로 한라산(1,950미터) 다음으로 높다. 그런데 그보다 높은 2,170미터 정상에, 광활한 산을 배경으로 우뚝 서 있는 모습을 보니 신비로우면서도 위엄이 느껴졌다. 게르게티 삼위일체 교회는 건축과 자연 풍경의 조화를

▶ 게르게티 삼위일체 교회

이루는 조지아 건축의 전형으로 손꼽힌다. 이렇게 산꼭대기에 건물을 지은 이유는 강국들의 침탈로부터 보호하기 위함이었다고 한다.

교회를 구경한 뒤 다시 차를 타고 카즈베기산 정상을 향해 올라갔다. 눈이 보이기 시작하자 나는 감탄사를 연발하며 설산에서 눈을 떼지 못하는데, 옆자리 파키스탄 애는 별 반응이 없다. '너희 나라 산도 높지?'라고 물으니 자기 동네 온 것 같단다. 제일 높은 산이 어디냐고 물으니 K2라기에 '아, 그거 브랜드 이름인데'라고 농담을 건넸다.

잠시 뒤 가이드가 뭔가를 한참 설명하기에 창밖을 보니 저 멀리 산 위에 거대한 원형 조형물이 서 있었다. 러시아가 조지아와의 200년 수교기념으로 만든 예술기념물 구다우리 전망대였다. 구다우리 전망대에 오르기 위해 차에서 내리는데 갑자기 날씨가 돌변해 비가 오기 시작했다. 일행 중 한 명이 'We have 4 seasons in a day'라고 했는데, 그의 말처럼 정말 봄에서 다시 겨울로 갔다. 망토를 안 샀으면 어쩔 뻔했나 싶을 정도로 추웠다. 아침도 굶은 탓에 정말 춥고 배고팠다. 그럼에도 전망대에서 펼쳐지는 풍경은 그야말로 장관이었다.

그렇게 구다우리를 보고 나서야 겨우 저녁 같은 늦은 점심을 먹었다. 배 고플 때는 멀리 있는 눈 덮인 멋진 산도 가물거렸는데, 배를 채우니 눈이 번쩍 뜨였다. '이것이 오늘의 진정한 하이라이트다'라며 정

▶ 눈 덮인 카즈베기산과 카즈베기 마을. 트레킹하는 사람들이 베이스캠프로 이용하는 곳이다.

말 맛있게 힝깔리(Khinkali)와 미트 수프를 먹었다. 힝깔리는 조지아식 만두 요리다. 미트 수프는 마치 육개장 같았다. 돌아오는 차 안에서 골아떨어지면서도 눈 덮인 설산 카즈베기산이 계속 어른거렸다.

▶ 멀리 보이는 구다우리 전망대와 전망대 내부
▶ 설산의 물이 녹으면 신기하게도 강물이 화이트와 검푸른 색깔로 나뉘어 수킬로미터를 흘러간다.
▶ 카즈베기산을 보고 오면서 들른 아나우리 요새
▶ 가이드인 니나의 설명에 따르면 힝깔리를 살짝 깨물어 국물을 쭉 빨아먹은 뒤 나머지를 먹는다.

성경에도 기록된 조지아 와인

"물보다 와인에 빠져 죽는 사람들이 더 많다."

조지아 속담이다. 김치 하면 우리나라이듯이, 와인 하면 조지아다. 8천 년 전에도 조지아에 와인이 있었다고 한다. 성경에도 술취한 노아에 대한 언급이 있고 수메르 점토판 기록으로도 남아 있다. 노아가 포도나무를 심은 지역이 아라라트산 근처이고 아라라트산은 흑해와 카스피해 사이로 알려지니 조지아의 지정학적 위치와 일치한다. 조지아란 이름도 포도덩쿨에서 왔다는 설이 있다.

▶ 와인탑? ▶ 포도를 점토 항아리에 넣어 땅에 묻는다.

조지아는 자체 포도나무 종뿐만 아니라, 점토 항아리 숙성 기술이라는 독창적인 와인 제조법을 갖고 있다. 조지아 남동쪽에 있는, 내가 탐방한 와인의 본고장 카헤티에서 천 년 동안 내려온 전통 기술로 만든 와인은 맛과 향이 진하고 색깔이 고운 걸로 유명하다. 조지아가 이슬람 지배하에 있었을 때는 술이 금지되기도 했다. 그런데 그럴수록 몰래 만들어 마시는 밀주 맛이 더 좋았다 한다.

보르도가 프랑스 와인을 대표한다면 카헤티는 조지아 와인을 대표하는 지역이다. 조지아 와인 투어는 확실히 사람들이 좋아하는지 다른 때보다 두 배나 많이 참가했다. 후다닥 마지막으로 승차하니 맨 뒷자리 중국계 호주인 여사가 헬로우 하며 반긴다. 그녀는 오래전 호주로 이민해 현재는 오만에서 영어교사를 하고 있다. 그 외 카자흐스탄, 우즈베키스탄, 러시아, 두바이 부부 등이 일행이었는데 가이드가 다 영어가 되면 영어로 통일해서 설명하겠다 하니 모두 오케이다.

조지아에서 며칠 겪어 보니 상당히 많은 동유럽 사람들이 구소비에트 체제 영향으로 러시아어를 구사한다. 그런데 영어까지 되는 게 놀라웠다. 일행 중 러시아 청년에게 물어보니 고등학교에서 영어가 필수는 아니어도 다들 선택해서 공부한다고 한다.

드디어 카헤티를 향해 출발하니 카즈베기산의 험준한 지형과는 다르게 남동쪽 방향이라 편안한 풍경이 펼쳐졌다. 조지아도 우리나라처럼 70퍼센트가 산지인데 지역에 따라 산의 모습이 다르다.

10시쯤에 와인 체험 장소에 도착한 뒤 잘 꾸며진 정원을 한 바퀴 돌고 오자 와이너리 주인 부자가 나와서 환대를 해줬다. 제일 먼저 시음하는 걸로 차차를 내놓았다. 차차는 포도주를 일 차 걸러낸 뒤 거기다 알코올을 더해 숙성시킨 도수 높은 술이다. 일행들이 멈칫거

▶ 주인 아들이 차차를 따르고 있다. '감기야 물러가라! 으라차찻~~차차!' 옆에 있는 안주는 고추랑 장아찌. 예전에는 산양뿔에 와인을 따라 마셨다고 한다.

리니 뭐 어떠냐며 차차 마시고 이렇게 차차 춤도 추고 그러는 거라며 주인 아저씨가 몸을 흔드니 다들 웃음보가 터졌다.

나는 일반 와인 도수 이상의 술은 못 마시는데, 와이너리 주인장이 일단 한번 마셔보라 권하고, 다들 원샷으로 마시는 거라 해서 한번 도전해 보았는데 속이 화끈하면서도 의외로 괜찮았다.

주인 아들이 포도주를 종류별로 줄을 세워놓고 일일이 제조법과 맛을 설명하며 따라주었다. 적은 양이라도 이것저것 열 잔 이상 마셔보니 내가 어떤 와인을 선호하는지 알 수 있었다. 이전에도 드라이한 와인을 좋아했는데, 이번에 내 취향을 확실히 알게 되었다.

좋은 와인 고르는 법을 물으니 주인장 대답이 재밌다. 가장 좋은 와인은 내게 맞는 와인이고 가장 이쁜 여자는 내가 사랑하는 여인이란다. 와인은 인생의 즐거움을 나타낸다. 예수님도 물을 포도주로 만드는 기적을 행했을 정도로, 와인은 인류가 만든 문명의 걸작품이 아닐까 싶다.

이집트에서는 맥주 한 캔 사려 해도 정해진 곳에서만 팔았는데 여긴 달라도 너무 다르다. 조지아에선 마트에서도 물보다 와인이 먼저 눈에 띈다. 길가 착즙 주스 파는 데서도 와인을 색깔별로 종류별로 판다. 조지아에 도착한 다음 날부터 매일 조금씩이지만 하루도 와인을 안 마신 날이 없는 것 같다.

두 번째로 간 곳은 조지아식 화덕으로 빵을 굽는 곳이었다. 빵 이름이 '엄마의 빵'이다. 길쭉한 반죽을 화덕 안에 철퍼덕 붙여서 구워 내는데 갓 구워낸 빵은 진짜 구수하고 맛있었다. 그런데 같이 시식하라고 주는 치즈는 너무 짰다. 치즈는 역시 치즈 전문 나라 것이 맛있다.

시그나기로 출발하기 전, 보드베 수도원에 잠시 들렀다. 수도원은 비교적 현대식 건물인데, 주위 배경이 한 폭의 그림처럼 정말 아름다운 곳이이었다. 내가 좋아하는 작은 꽃들로 화단이 만들어져 있어 더 반가웠다.

시그나기에 도착해, 뷰가 가장 좋은 레스토랑에 들러 각자 먹을 음식을 주문해두고, 도시와 성채를 한 바퀴 돌고 와서 바로 먹을 수

▶ 보드베 수도원 ▶ 고요히 묵상, 산책 중인 듯한 보드베 수도원의 수녀님
▶ 수도원에서 내려다보이는 뷰가 일품이었다.

▶ 시그나기 성채 아래 펼쳐진 아름다운 풍경

있게 일정이 짜여 있었다. 양 바비큐와 그린 샐러드를 시켰는데 그린(Green)이 아니라 그릭(Greek) 샐러드가 나왔다. 가격이 훨씬 비싼데 실수인지 상술인지 몰라도 따지기 귀찮아 일행들과 함께 맛있게 먹었다.

근교 도시 여행을 현지 투어로 해보니 가성비가 정말 좋다. 이 상품의 경우 점심값은 별개지만 2만 원도 안 되는 돈(40라리)으로, 오가는 시간만 해도 서너 시간 걸리는 곳을, 가이드와 함께 하루 종일 투어했다. 가이드의 친절한 설명은 덤이다. 혼자서는 할 수 없는 일이다.

혼자 여행의 단점 중 하나는 대화를 나눌 사람이 별로 없다는 것이다. 어떤 날은 나도 모르게 혼잣말을 하고 있는 자신을 보기도 하고, 정말 길 묻는 거 외엔 아무하고도 얘기하지 않는 날도 많았다. 그런데 현지 투어를 하면서 일행들과 대화를 나눌 수 있어 더욱 좋았다.

그을린 촛불 자국 가득한 교회

나는 원래 무계획을 계획 삼아 예습 없는 여행을 하는 성격이다. 무계획 여행의 최고봉은 이십 대 때 간 로마 여행이었다. 지도 보고 길 찾는 게 귀찮아 배낭족들이 버스에서 우르르 내리면 나도 따라 내려 걸었다. 그러다 사람들이 줄을 길게 서 있는 곳이 보이기에 유명한 곳인가 보다 하며 나도 줄을 섰다.

들어가니 우리나라 말로 된 고해소도 있어 꽤 큰 성당이네 하며 여기저기 구경하다 꼭대기에 올라가 아래를 내려다보니 뭔가 좀 이상한 느낌이 들었다. 그래서 급히 내려와 기념품 가게에서 카드를 사서 보니 놀랍게도 바티칸이었다!

세상 무식한 여행자지만 그때의 기억이 제일 강력하게 남아 있다. 모르고 기대 없이 가면 충격적인 대발견의 즐거움도 생기고 잊을 수 없는 추억이 된다. 미리 다 알고 가서 맞는지 확인하는 건 내 스타일의 여행이 아니다.

이런 여행은 시행착오를 겪은 다음 복습을 반드시 해야 퍼즐맞추기가 완성되어 이해가 된다는 단점이 있다. 하지만 내가 궁금해서 찾아본 것은 기억에도 오래 남고 내 안에 체화된다.

조지아도 아무것도 모르고 와서 그냥 맞닥뜨리니 궁금해서 찾아

▶ 므츠헤타의 스베티츠호벨리 대성당. 조지아 정교회의 총본산이다.

보게 되고 그러면서 하나씩 알아갔다. 이집트에서 모스크를 하도 많이 봐서 모스크에 대해 공부를 했듯이, 여기와서는 수도원, 교회만 해도 열 개 넘게 봐서 공부를 안 할 수가 없다.

조지아인은 대부분 조지아 정교를 믿는다. 예수의 12사도 중 5명이 직접 조지아 땅에서 기독교를 포교했으며, 캅카스(Kavkaz, 영어로는 코카서스) 지역에서는 아르메니아(301년)에 이어 두 번째로 326년에 기독교를 국교로 채택했다. 이 나라에서는 종교가 국민들에게 단순한 신앙 그 이상의 정신적 구심점이 되고 있는 것 같다.

조지아는 흑해와 카스피해 사이에 위치한 유럽과 중앙아시아의 교역지이자 교차로이다 보니 강대국에 에워싸인 각축장이었다. 기원전부터 그리스, 로마, 페르시아, 몽골, 오스만튀르크까지 이름만 들어도 무시무시한 강국들에 차례로 지배당해왔다. 그런 가운데 수많은 순교자들을 배출하면서 신앙을 중심으로 뭉쳤다. 근세 역사로

▶ 교회 안에 왕, 사제, 애국지사 무덤을 두고 함께 기억하고 기린다. 촛불은 사람들의 간절함이다. 벽면의 그을린 검은 자국은 소비에트 시절 종교 탄압을 피해 촛불을 들고 예배했던 흔적이다.

는 백 년 넘게 러시아제국의 지배하에 있다 1918년 공화국을 수립했지만, 1922년 소비에트연방에 편입되었다. 그 후 70년간 끈질기게 분투해 결국 1991년에 독립했다.

이런 지난한 역사 가운데 조지아 정교는 국민들의 마음속에 촛불 신앙이 되어온 것 같다. 애국 애민자의 시신이 안장된 교회에는 지금도 울면서 조의를 표하는 방문객들이 많다. 평일에도 바쁜 걸음으로 들어와서 성화와 성물에 손을 갖다대면서 기도하고 입 맞추고 나간다. 주일에나 교회 가는 선데이 크리스천이 아니라 신앙이 일상화되어 있는 모습이었다. 나도 촛불을 켜고 세상의 평화를 위해서 기도했다.

조지아 정교 교회도 이슬람 모스크처럼 의자가 없다. 노약자를 배려한 의자가 벽면에 몇 개 놓여 있고 설교자를 위한 의자가 중앙에 하나 있을 뿐이다. 기도에 전념하기 위해 몇 시간씩 서서 예배를 보기도 한다.

▶ 조지아 국기에 그려진 크고 작은 십자가의 붉은색은 피, 와인 또는 장미를 의미하기도 한다.
▶ 길바닥에 있는 장미 표시 ▶ 장미혁명을 표현한 작품

백만송이 장미와 장미혁명

가수 심수봉의 〈백만송이 장미〉가 러시아 민요인 줄 알았는데, 알고 보니 조지아와 관련된 노래였다. 어머니가 조지아인이었던 러시아 시인 안드레이가 가사를 썼는데, 조지아 무명 화가의 실제 사연을 소재로 했다.

가난한 화가가 여배우를 사랑해서 전 재산을 털어 백만 송이 장미를 사서 바쳤지만, 그녀는 자신의 아파트 앞에 꽃 바다를 이룬 백만 송이 장미를 누가 선물했는지도 모른 채 밤기차를 타고 순회공연을 떠나 두 사람은 이후에도 평생 만나지 못했다는 슬픈 사연이다.

소비에트연방을 세계 초강대국으로 끌어올린 스탈린과 스탈린이 만든 국가를 붕괴의 구렁텅이로 밀어넣은 셰바르드나제, 두 인물 모두 조지아 출신이라는 사실도 아이러니하다. 소련 외무장관 출신의 셰바르드나제는 조지아 초대 대통령에 취임하고 재선에 성공했지만 일가의 비리와 부패로 2003년 하야했다. 장미혁명은 셰바르드나제를 퇴진시킨 조지아 시민들의 무혈 혁명이다.

돈, 잘 쓰자

카즈베기산에 갔다온 이후 감기 기운이 있어 따뜻한 물을 계속 마셔야 했는데, 방에 커피포트가 없었다. 그리고 숙소가 오래된 건물이라 엘리베이터가 없고 계단이 좁은 나선형이라 위태로웠다. 여행자 보험을 들고 왔지만 아프거나 병원 갈 일은 없어야 하기에 나는 각별히 계단 있는 곳을 주의했다. 방도 좋고 주인도 친절했지만 7일간 묵었으니 숙소를 옮기기로 마음먹었다.

부랴부랴 검색해서 커피포트가 있고 계단이 없는 곳을 대충 고른 다음, 볼트(Bolt) 택시 어플을 이용해 택시를 불렀다. 등록한 카드로 찍히는 대로 자동결제가 되니 가격 흥정할 필요가 없어 너무 편하다.

새 숙소는 4박을 예약했는데 와서 보니 마음에 들어서 4박을 더 늘려 8박으로 바꿨다. 커피포트랑 주방이 있어 따뜻한 물 걱정은 안 해도 되고, 일층인 데다 마당도 있고 패밀리룸이라 방도 넓었다.

조지아 물가가 동남아보다 싸다고 하는 사람도 있는데 외식을 하면 음료수 포함 한 끼당 만 원에서 만오천 원가량 되니 싸단 소리는 과장이다. 물론 조지아도 시골로 가면 어떨지 모르겠으나, 기초 식료품이 싸다는 것과 레스토랑 팁까지 부가되는 외식 값이 싸다는 건 다른 얘기다. 이 숙소는 조식이 제공되지 않는 곳이라 마트에서 장

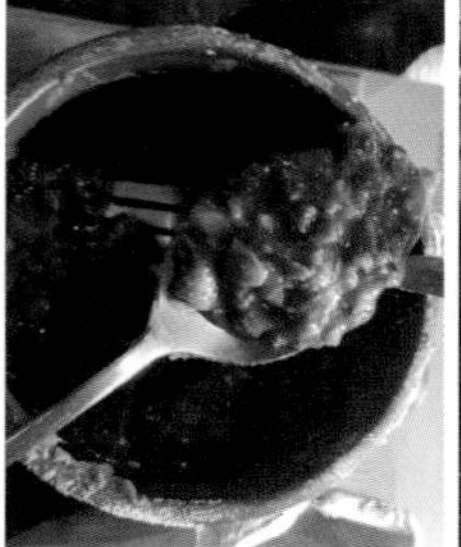

▶ 우리식 김치
▶ 레스토랑 직원에게 추천받은 조지아 음식. 레드빈 요리인데, 맛은 별로였지만 건강을 생각해서 억지로 먹었다.
▶ 시장에 파는 조지아풍 그림. 천천히 그림을 보며 이곳 사람들을 짐작해보는 시간이 내겐 힐링이고 쉼이었다.
▶ 평화의 다리 위 뮤지션. 우수 어린 음색이 나그네 마음을 따뜻이 위로해주어 숙소로 돌아오는 길에 자주 듣고 오곤 했다.

을 봐다 음식을 해먹었다. 양파, 감자, 오이와 커피, 우유, 와인, 주스, 빵, 계란, 소시지와 힝깔리를 샀더니 55라리가 들었다. 우리 돈 2만 2,000원인 셈이다. 비싸지는 않지만 결코 싼 것도 아니다.

삼단 금빛 지붕을 찾아서

며칠을 골골거리다 감기약을 먹어도 안 듣기에 고기든 채소든 마구 먹고, 히터 빵빵 틀고 푹 자고 나니 컨디션이 좋아졌다. 날씨도 화창해, 버스가 안 다니는 골목길 위주로 걸으며 트빌리시 민낯도 볼 겸 거리로 나섰다. 낡은 집들 사이로 사람 사는 모습들이 보였다. 관광지가 아닌 일상의 모습이다. 이곳에선 낯선 골목길을 혼자 걸어도 말을 걸거나 쳐다보는 사람이 없다. 그만큼 안전하다는 얘기다. 걷다 쉴 벤치도 많다.

골목이 다시 대로로 연결되고 가다 보면 크고 작은 공원도 만난다.

어느 낡고 좁은 길을 걷다 갑자기 나는 진한 향기에 고개를 들어 보니 아카시아꽃들이 주렁주렁 달렸다. '아, 오월이구나!' 소리 없는 탄성이 터져나오면서 하얀 교복 여고 시절이 소환되었다. 야자 시간에 몰래 빠져나와 학교 옥상에 올라가서 맡았던 그 향기였다.

잠시 추억에 잠겼다 다시 길을 가다 엄청나게 거대한 자전거를 만났다. 왜 만들었는지는 모른다. 알아도 좋고 몰라도 그만이다. 풍광 좋은 카페에서 잠시 쉬다 다시 걸었다. 걷다 보니 트빌리시의 랜드마크가 눈에 들어온다. 성 삼위일체 대성당이다!

며칠 전 그곳에 가려고 택시를 탔는데 엉뚱한 데다 데려다줬다. 왜 여기 내려주냐니까 기사는 내가 찍어준 주소를 가리키며 'I can't understand!'만 반복했다. 주소가 잘못된 거였다. 인터넷에 누군가 잘못 올린 성당 이름을 재차 확인하지 않은 내 불찰이었다.

오늘은 걸어서 가보리라 마음먹고 뚜벅이를 했다. 트빌리시 어디에서든 보이는 금빛 지붕이지만 눈으로 보는 거리와 걷는 거리가 다

▶ 쿠라 강변 조각품 ▶ 엄청나게 거대한 자전거
▶ '와인'이란 친절한 한마디로 부족하면 이리로 들어오시라는 문구가 재밌다.

▶ 입구에서 걸어올라가는 길도 꽤 길다. 드디어 성 삼위일체 대성당 입구에 도착!

름을 실감했다. 높은 곳에 있으니 당연히 오르막 언덕배기다. 걷다 쉬다 힘겹게 도착했다. 가까이서 보니 규모가 엄청났다.

성 삼위일체 대성당은 총면적으로 보면 세계적으로도 손꼽히는 규모다. 조지아 독립 후 '국가적, 정신적 부흥의 상징'으로 사업가와 시민의 기부금으로 지은 성당이다. 쿠라강 왼편 엘리야 언덕 높은 곳에 있어 어디서나 보인다. 세 건물을 하나로 붙여 지은 듯한 삼단 모양의 금빛 지붕이 인상적이었다. 현대에 지어진 건물임에도 클래식한 아름다움과 부드러운 곡선들로 이뤄져 편안하게 다가왔다.

며칠간 바라만 보다 내 발로 걸어가서 보니 올라갈 때의 피곤함은 사라지고, 이렇게 감동을 더하라고 그렇게 고생했나 싶었다. 이만 보를 걸었는데도 내려오는 발걸음은 더 가볍기만 했다.

55라리나 냈는데

'오늘은 뭐 하지?' 하다 전날 기다리는 줄이 너무 길어 못 탄 열기구

▶ 열기구에 6명이 탈 수 있다. 트빌리시 구시가지와 쿠라강, 평화의 다리가 내려다보인다.

를 타러 갔다. 평화의 다리 위에 떠 있는 하얀 공처럼 생긴 게 뭔지 궁금했는데 열기구였다. 표 값이 55라리란다. 나리칼라 요새 케이블카는 7라리인데 너무 비싸서 말아야 하나 싶었지만 어차피 맘 먹은 거니 탔다.

그런데 완전 꽝이었다! 높이 올라가지도 않고 공중에 잠시 떠 있다 내려오는 식이었다. 여행 와서 처음으로 돈이 아까운 경험이었다. 호기심천국 아이처럼 무조건 한번은 해봐야지 하는 내게 똥인지 된장인지 꼭 먹어봐야 아냐라며 핀잔을 주는 사람도 있는데 그 말이 맞다. 이번엔 내가 잘못한 거다!

돈보다 시간이다

이번엔 절벽 위에 있는 오래된 교회를 가 보기로 했다. 쿠라강 왼편 절벽 이름이 메테키인데, 그 위에 우뚝 세워진 메테키 교회는 성모승천교회라고도 한다. 올드 트빌리시의 또 다른 명소다.

▶ 절벽 위에 있는 메테키 교회
▶ 늑대왕이 트빌리시 올드타운을 내려다보고 있다. 말도 순종하는 듯한 모습이다.
▶ 멀리 성 삼위일체 대성당이 보인다.

머리를 가려야 하니 스카프를 쓰고 성당 안에 들어갔는데 입추의 여지가 없었다. 장례식인가 하며 밖으로 나왔는데, 말을 탄 동상이 있어 사진을 찍었다. 왕 이름이 적혀 있지만 역사적 내용에 대해서는 아는 바가 없어 동상 주위를 빙빙 돌고 있으니 가이드 안 필요하냐며 어떤 나이든 분이 와서 물어왔다. 트빌리시에 대해 아무런 공부도 없이 무작정 찾아와 깜깜이로 헤매고 다니는 것보다 '돈보다 시간이다' 라는 생각으로 하루 100라리를 내고 안내를 받기로 했다.

오늘 장례식이 있어 사람들이 저렇게 모인 건지 물어보니 매주 월, 수, 금은 치유 목적으로 모인단다. 이 교회가 치유 파워가 있어서 사람들이 모여서 기도하고 일일이 십자가로 축복을 받고 간다고 한다.

가이드는 트빌리시해를 보러 가자 한다. 여기에 바다가 어디 있냐니까 가 보면 안다면서 차를 타고 한참을 올라가니 정말 바다 같은 곳이 나왔다. 1953년에 만든 인공 호수인데 길이가 8.75킬로미터, 너

▶ 트빌리시해, 저수지 겸 휴양지인 인공 호수다.

비는 2.85킬로미터니 트빌리시해로 이름 지을 만했다.

그런데 그 호수보다 더 인상적이었던 것은 '조지아 연대기'라는 기념비였다. 1985년에 시작되어 아직도 완성해 가는 중이라 한쪽 벽면이 비어 있었다. 조지아의 역사를 연대순으로 기록하는데 30~35미터 높이의 거대한 16개의 기둥이 산 꼭대기에 우뚝 솟아 있다. 계단식으로 되어 있는데, 상단에는 늑대투구왕과 영웅이 있고, 하단에는 그리스도의 생애에 대한 이야기가 새겨져 있다.

늑대투구왕이란 이름이 늑대 숭배 사상과 연관이 있는 듯했다. 러시아 지배 시절 국가명이 그루지야였다. 이는 페르시아어 '구르지'를 러시아어로 음차한 것이다. 구르지는 늑대를 의미한다.

다시 한번 종교와 역사가 조지아의 정신적 구심점을 이룸을 느꼈

▶ 조지아 연대기 기념물. 한밤중에는 조지아 연대기 야경을 볼 수 있다.
▶ 쿠라강을 배경으로 한 교회 야경이 아름답다.

다. 인구 400만 명도 채 안 되는 작은 나라가 '유럽의 보석'이라 불리며, 매년 800만 명이나 되는 여행객이 찾아드는 비결이 뭘까? 역사상 여러 강국에 차례로 지배당했으나 그들의 정체성을 고수해온 정신력과 그를 보듬어 온 문화유산이 아닐까 싶다.

절벽과 유황온천을 갖춘 천연 요새

뒷모습에도 기운이 느껴지는 조지아의 어머니

트빌리시에서도 뷰가 아름답기로 손꼽히는 또 다른 명소는 나리칼라 요새다. 구시가지를 다 내려다볼 수 있고 쿠라강과 평화의 다리, 그리고 성 삼위일체 대성당도 한눈에 들어온다. 바로 옆에는 조지아의 어머니상이 우뚝 서 있다. 요새 뒷면은 보타니컬 가든이지만 절벽이고, 요새 앞쪽 아래에 유황온천이 흐르니 그야말로 천연요새다.

조지아의 어머니상은 20미터 높이의 알루미늄상이다. 왼손에는 와인잔, 오른손에는 장검을 들고 있는데, 친구에게는 와인을 주고 적에게는 칼로 방어한다는 의미다. 그런데 칼을 높이 치켜든 것이 아니라 옆으로 들고 있는 모습으로 봐서 어머니의 수호 정신이 느껴진다.

영어 단어 중 가장 아름다운 단어가 무엇이냐고 조사한 결과 1위가 mother였다. 그다음은 peace, love 등등이고, 참고로 father는 없었다. 신이 천사를 보낼 수 없어 어머니를 보냈다는 말이 있듯이 실로 모성은 모든 것을 아우르는 위대한 사랑이다.

가이드 덕분에 동서남북, 외곽 지역의 자연과 인공호수 등 높은 곳을 다 돌아본 셈인데, 트빌리시에서 가장 높은 곳은 TV 송전탑이다. 해발 770미터에 탑의 높이가 200미터니 거의 1킬로미터다.

▶ 나리칼라 요새에 걸어올라간 사람들, 케이블카 지역에선 위험해서 금지시킨다.

▶ 나리칼라 요새 옆 다볼리 교회. 교회 앞 언덕 위에 피어 있는 이름 모를 들꽃들이 세찬 바람에 부딪히며 흔들리는 모습이 연약한 듯하지만 강인한 조지아를 보여주는 듯했다.

▶ 조지아의 어머니. 뒷모습에도 기운이 느껴진다.

▶ 트빌리시에서 가장 높은 TV 송전탑

그곳 레스토랑에서 치즈, 달걀, 버터가 들어간 조지아식 빵 '하차푸리'를 먹었다. 가이드는 안에 슈크림이 들어간 '펀칙'이라는 빵을 시켰다. 나도 궁금해서 시켜봤는데, 온종일 삶은 달걀 두 개 먹고 투어하느라 배가 고팠던 탓인지 정말 맛있었다. 하차푸리는 혼자 먹긴 너무 커서 결국 반만 먹고 나머진 싸 와서 이튿날 아침 프라이팬에

▶ 슈크림이 들어 있는 펀칙. 빵에 칼과 포크 주는 것도 어색한데, 칼이 너무 안 들었다. 하차푸리는 양 끝을 뜯어서 가운데 있는 버터랑 달걀, 치즈를 빙빙 돌려가며 찍어 먹는다.

데워 먹었는데 여전히 맛있었다.

유황온천에서 피로를 풀다

트빌리시란 말은 '따뜻한'이란 뜻인데 이곳에 유황온천이 있어 이런 이름이 붙었다. 4~5세기경 왕이 사냥을 하다 꿩이 익은 걸 발견하곤 그때부터 각광받기 시작했다고 한다. 특히 러시아 지배 기간 동안 러시아인들이 이곳에 휴양차 많이 방문해 지금도 나리칼라 요새 아래에는 온천이 많다.

나도 와이너리 투어를 같이했던 러시아 아줌마 타냐 덕분에 한 번 가 봤다. 소비에트 시절 지은 메디컬센터라는 큰 건물인데 깔끔하고 다른 곳에 비해 가격도 저렴했다. 물은 우리나라 목욕탕에 비해 뜨끈하진 않았지만 유황온천이라 그런지 하고 나니 피로가 확 풀리고 개운한 느낌이 좋았다.

맛있게 잘 먹자

여행 떠나와서 한 달간 밥하는 것에서 해방되니 주부로서 가장 행복한 일이었다. 그래서 얼씨구나 좋아라 하며 먹고 싶을 때만 먹었더니 감기로 시름시름 앓았다. 그래서 작전을 바꿔 하루 의무할당제로 무조건 먹기로 했다. 장기여행은 결국 체력이다!

숙소에 있는 양념이라곤 소금뿐이니 감자, 양파, 가지를 소금 넣고 적당히 삶아 매운 케첩이랑 석류, 양파 소스 사온 걸 넣었더니 먹을 만한 정도가 아니라 맛있다(마늘, 간장, 고춧가루 안 들어간 음식이 식자재 본연의 맛을 더 살려준다). 거기에 곁들여 샐러드랑 빵으로 아점을 먹었다. 샐러드는 일주일간 의무적으로 한 접시씩 먹었다.

▶ 채소 샐러드와 조지아 빵으로 차린 밥상. 스파게티는 해 먹기 가장 쉬운 요리다. 토마토에 소금을 약간 뿌리고 나머진 그냥 소스를 넣어 비비면 끝!

▶ 국회의사당 바로 앞에 있는 애국 시민 추도비

▶ 프랭크 시나트라 왈 "술은 최악의 원수다. 그러나 성경은 원수를 사랑하라!" 했다.

▶ 외양은 모스크 같으나 온천욕하는 곳이다.

▶ 유대교 시나고그, 이슬람교 모스크, 아르메니아교회 등이 공존하는 올드 트빌리시. 멀리 성 삼위일체 대성당과 시티파크가 보인다. 시티파크는 일명 리케 파크(Rike park)라고도 한다.

편안함으로 맞이해준 아르메니아

별 생각 없이 온 조지아에서 보름을 묵었다. 트빌리시를 베이스캠프 삼아 인근 도시 몇 군데와 카즈베기산에 다녀온 걸로 만족하고 조지아를 떠났다. 다음 행선지는 아르메니아였다. 마슈르카라는 소형 밴을 타고 아르메니아의 수도 예레반으로 이동했다. 나는 낯선 곳에 처음 가는 날은 적어도 오후 3~4시 전에 도착하는 것을 원칙으로 움직인다. 첫 출발 시간이 9시라 아침 일찍 나섰다. 마슈르카는 사람이 다 차야 출발하는데 일찍부터 다 차서 8시 35분에 기분좋게 출발했다.

▶ 육로로 국경 넘기. 얼마나 초간단한지 경험해보지 않으면 모른다.

지금까지 내가 경험한 가장 편안한 국경 넘기였다. 출입국소를 지나 잠시 기다리는 시간 동안 환전도 했다. 육로로 국경 넘기가 너무 간단해서 깜짝 놀랐다. 그냥 출입국 사무소를 지나고 걸어서 이편으로 와서 다시 마슈르카 타고 출발!

트빌리시에서 예레반으로 가려면 6시간 동안 가야 하는데 옆자리에 앉

▶ 길이 널찍해서 걷기에도 좋다.

▶ 특이하게 생긴 식수대이다. 식수대 덕분에 예레반에선 물병을 안 들고 다녔다.

▶ 가게가 예뻐 사진을 찍으려니 가게 앞에 서 있던 두 남자가 얼른 비켜 주었다. 여기 사람들은 매너 있고 친절하다.

은 러시아인 알렉스와 이야기하며 가느라 지루한 줄 몰랐다. 예레반에 친구를 만나러 간다는 그는 아이리시 플루트를 연주하다 지금은 제작 판매하는 일을 하고 있단다. 내가 가운데 앉아서 그런지 옆자리 러시아 친구랑 대화한 다음에는 내게 대화 내용을 브리핑해주었다. 굳이 그럴 필요가 없다 해도 자기가 아일랜드에 갔을 때 친구들이 아이리시어로 떠들면 이방인처럼 느껴져서 안 좋았던 기억이 있어 그런다고 했다.

우크라이나 전쟁을 일으킨 러시아에 대한 반감과는 별개로 여행지에서 만난 러시아인들은 친절하고 배려심이 많았다. 앞자리에 앉았던 덩치 큰 러시아 남자도 헤어질 때 내 가방을 내려주며 택시 잘 타라고 알려주고 갔다.

그렇게 예레반에 도착하자마자 숙소에 가방을 두고 바로 뛰쳐나가 첫날의 설레임을 맘껏 누렸다. 트빌리시의 중세풍 조약돌 길을 걷다 예레반의 중심가인 노스 애비뉴(North Avenue)의 널찍한 길을 보

▶ 아르메니아 정부청사 건물 ▶ 오페라 하우스 ▶ 국립박물관

니 아주 모던하고 시원한 느낌이었다. 그리고 시내 건축물 대부분이 백 년을 안 넘긴 밝은 핑크색이라 도시가 밝아 보였다. 예레반은 1920년대 소비에트연방의 첫 계획 도시로 낡은 주거지와 상업지역을 허물고 대대적인 재개발을 했기 때문에 오래된 건물이 없다.

아르메니아 출신 러시아 건축가 타마니안의 설계로 현재와 같은 모습을 갖추게 되었는데, 그는 파리와 비엔나처럼 넓은 대로에 신고전주의풍 건물의 도시로 개조했다. 아르메니아에서 채취한 핑크색 돌로 건물을 지었기에 '핑크색 도시'로 불리게 되었다. 오페라 하우스가 있는 자유광장에서 공화국광장까지 뻗어 있는 켄트론 구역이 예레반의 중심부다. 건물들이 하나같이 웅장하면서도 아름답다.

이럭저럭 감기 기운도 떨어지고 컨디션도 좋아진 덕분인지 모든 게 편안하고 푸근하게 느껴졌다. 예레반에 오길 잘했다는 생각이 들었다. 노스 애비뉴에 앉아 쉬고 있는데 갑자기 내가 좋아하는 'Let it be'가 흘러나왔다. 버스킹하는 청년들 옆에서 아기를 안고 어르듯 춤추는 엄마를 보니 나도 음악하는 아들 생각이 절로 나면서, 아르메니아는 바로 이런 편안함으로 나를 맞이해주는구나 싶어졌다.

▶ 화덕에 구워낸 빵이 맛있다. 조지아보다 예레반 빵이 더 맛있는 듯하다.
▶ 파보란 미트 수프인데 제주도 돈베국수 같다. 여행 내내 국물녀인 나는 국이 아쉬웠다.
▶ 음악하는 아들 생각하며 감명받았던 길거리 버스킹
▶ 흩뿌리는 빗속에 연주하는 아저씨. 가리개 사이로 삐죽 나온 돈 통이 재밌다.

아르메니아인은 유대인처럼 상업에도 능하여 코카서스의 유대인이란 별명을 갖고 있다. 호텔 직원도 컬러 TV, 레미콘, MRI 촬영기, ATM 이런 것들을 아르메니아 출신 사람이 만들었다고 자랑했다.

어제 국립박물관과 역사관에 가보니 사실 빈말이 아니었다. 기원전 1~2세기 항아리, 금속공예와 청동, 은제품들이 대단히 정교하고 아름다웠다. 예레반은 기원전 782년 쐐기문자 기록으로 증명된 도시와 왕조역사를 가지고 있다. 로마보다 더 오래된 도시이자 2,800년이 넘는 세계에서 가장 오래된 도시이다.

시위가 있어도 삶은 계속된다

공화국광장에 가려고 노스 애비뉴를 따라 걷는데 길이 시끄럽고 경찰들이 많이 보였다. 공화국광장에 이르는 동안 차를 계속 봉쇄하고 경찰 수도 늘어갔다. 국립박물관에 들렀다 나오니 시위 행렬이 보였다. 시위 준비를 하는 캠프 주위에는 손자와 함께하는 지팡이 짚은

▶ 택시 사기꾼이 안 데려다줘서 며칠 뒤 혼자 걸어서 찾아간 계몽자 그레고리오 성당
▶ 시위 준비를 하는 사람들
▶ 시위 와중에도 버스킹을 하는 어르신들. 노래도 일상적 삶도 평화가 가장 귀하다.

노인도 있다. 다행히 폭력적이진 않았다. 남녀노소 시민들이 다수 참여한 평화로운 행진 시위였다.

궁금해서 물어보니 총리가 러시아의 중재하에 휴전협정을 하면서 영토 일부를 아제르바이잔에 내주었기에 총리 사퇴를 요구하는 시위라 한다. 아제르바이잔은 아르메니아보다 GDP가 세 배나 되고 영토도 훨씬 더 크고 인구 또한 세 배가 넘는다. 두 나라는 영토를 두고 국지전, 전면전을 계속해왔다.

시위가 있어도 삶은 계속된다. 안정된 일상과 삶을 보장받기 위해 시위도 필요할 뿐이다. 삶을 위해 생명의 안전과 평화보다 더 귀한 것이 있을까. 결국 투쟁도 다 그를 위한 것일 터이다.

아르메니아의 슬픈 역사

제노사이드(genocide)* 추모공원 치체르나카베르드에 갔다. 공원과 박물관을 둘러보는데 날씨조차 우중충하니 비가 흩뿌렸다. 1차대전 전후로 일어난 이 불행한 사건에 대해 프랑스를 중심으로 국제사

▶ 추모공원 입구. 왼쪽 둥근 것이 'Temple of Eternity'라 명한 영원의 사원, 불이 있는 곳이다. 추모탑, Reborn Armenia. 아르메니아의 재생과 부활을 상징한다. 44미터다.
▶ The Memorial Wall. 프랑스 작가인 아나톨 프랑스 외 인종과 국가를 초월해서 후원하고 폭력을 규탄한 사람들의 이름이 적혀 있는 벽이 100미터 길이로 세워져 있다.
▶ 계단 아래로 내려가 참배하면서 자연스럽게 고개를 숙이도록 되어 있다.

회에서 비난했다. 미의회도 '아르메니아 학살' 책임을 추궁하며 압박을 가하자 터키(현 튀르키예)의 에르도안 대통령은 역으로 미국의 '아메리카 원주민 학살을 문제삼을 것'이라고 응수했다. 사실 미국의 인디언 레저베이션(Indian Reservation)도 얼마나 슬픈 역사인가.

프란치스코 교황은 교황으로서 처음으로 2015년 4월 아르메니아를 방문해 100년 전의 비극을 위로했다. 박물관에 가서 아픈 역사가 기록된 사진과 영상을 보고 평화를 위한 기도를 했다.

제노사이드 | 1차 세계대전 전, 이슬람계 오스만제국 아래 있던 아르메니아가 독립을 요구하자 첫 번째 제노사이드(특정집단 구성원을 대량 학살하는 행위)가 발생해 10만~30만 명이 죽었다. 1차 세계대전 중에는 무려 150만 명의 대학살로 이어졌다. 영국이 오스만제국을 침공하자 혹시라도 독립을 꿈꾸는 아르메니아인들이 반란을 일으킬까 우려해 터키가 그들을 이라크 일대로 이주시키는 과정에서 벌어졌다.

세반 호수에서 매운탕을 맛보다

조지아에서 아르메니아로 넘어올 때 봤던, 설산 아래 펼쳐져 있는 눈부신 세반 호수가 떠올랐다. 어떻게 가는지 검색을 해보니 마슈르카를 이용하면 된다고 나온다. 나 홀로 여행엔 검색이 짱이다. 'MapsMe'란 어플도 도움이 된다. 주소만 제대로 찍으면 우향우 좌향좌, 우리말 서비스도 된다. 목적지 자료를 미리 다운받아 두면 인터넷이 안 되어도 사용할 수 있으니 아주 유용하다.

세반시티로 가는 마슈르카를 탔는데 운전수 옆자리에 앉으니 그냥 이건 개인 관광 대절차다. 앞에는 풍경이 펼쳐지지요, 기사는 운전 잘하지요, 요금도 싸지요~. 예레반에서 세반시티까지 한 시간 걸리는데 700드람(우리 돈 2,500원)이니 싸도 너무 싸다. 정해진 요금대로 받으니 가격을 흥정할 필요도 없다. 전날은 어플이 가동되지 않아 20분도 안 타고, 1,000드람이면 충분한데 택시 사기꾼한테 5,000드람을 털렸다. 그런데 700드람으로 도시 간 이동이라니 얼마나 감사한가. 나쁜 경험 뒤에 좋은 경험을 하니 감사함을 더욱 실감한다.

아르메니아는 동서남북으로 다 가려져 바다가 없다. 내륙에 고립되어 있는데 그나마 세반 호수가 있어서 다행인 나라다. 세반 호수는 제주도 크기로 이 나라 전체 면적의 6분의 1이니 내륙의 바다라 해야 할 것 같다. 아르메니아는 캅카스(코카서스) 산맥에 둘러싸여 있어 해발고도가 높다. 예레반이 해발 1,000미터인데, 세반 호수는 놀랍게도 해발 2,000미터나 된다.

세반 호수 전망을 즐기고 작은 성당에 들어가 촛불을 켜고 기도를 했다. 이 초가 타는 동안만이라도 세상에 평화가 임해 전쟁과 충돌이 없게 해달라고. 그러고 좀 오래 있었는지, 옆에 앉아 양초 팔고 있던 아주머니가 나즈막히 성가를 불러주었다. 갑자기 눈물이 났다. 세상에 가장 값진 게 평화인데 그것이 어찌 이리 어려운가.

아르메니아 교회나 성당에는 예수님보다 아기 예수를 안고 있는 마리아가 더 많이 보인다. 그런데 특이하게도 성모도 아기 예수도 다 검은 머리다. 예수님이 동쪽 출신이니 그럴 가능성이 있겠다는 생각이 들었다. 조지아에서는 갈색이나 금발머리도 간혹 보였는데, 노아의 후손들이라는 아르메니아 사람들은 다들 흑발이다. 금발은 대개 염색이다.

세반 호수를 바라보며 전날 추모공원에서 보았던 충격적인 사진

▶ 메트로 타는 옆 맥주 간판 보이는 곳 앞에서 마슈르카들이 기다린다. 참고로 정류장 표시는 없다.
▶ 세반 호수 언덕 꼭대기에 있는 두 교회
▶ 성당에 올라가는 계단 옆에서 석류 그림을 땅에 늘어놓고 판다. 이곳도 조지아만큼 석류가 많다.
▶ 검은 머리 성모와 아기 예수

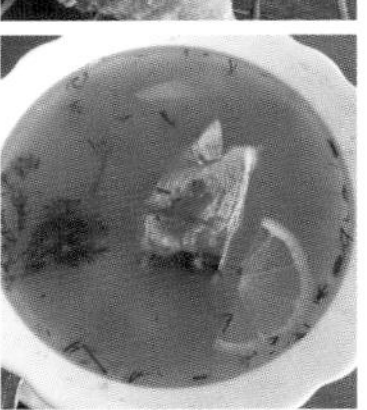

▶ 호숫가에 누워 쉬는 사람들이 여유로워 보였다.

▶ 세반 호수에서 잡은 송어로 만든 수프. 빵도 호텔 조식 빵보다 훨씬 맛있었다.

영상들의 기억을 지우며 마음의 평화와 휴식을 얻었다. 그냥 오기가 서운해서 호숫가 레스토랑에서 송어 수프를 먹었다. 세반 호수에서 건진 게 맞냐 물어보면서, '이놈의 의심병' 하곤 나도 웃었다. 서빙하는 아주머니는 '아니 바다도 없는 나라에서 어디서 어떻게 공수해오겠냐, 더욱이 송어는 민물고기이지 않냐'라고 웃으며 대답했다. 먹어 보니 너무 맛있어서 통째로 한 마리 구운 요릴 시킬 걸 그랬나 싶었다.

여행 떠나온 지 두 달째지만 다행히 밥이나 마늘 양념 들어간 반찬은 그다지 생각나지 않았다. 빵, 샐러드, 고기는 우리나라 것보다 맛있는데 단지 아쉬운 건 국이었다. 유럽은 수프가 전채요리라서 그것만 따로 시키면 이상하게 여긴다. 그러거나 말거나 국이 먹고 싶어서 수프만 시켰는데 다행히 송어와 감자, 당근을 넣고 끓인 것이 맵지 않은 매운탕처럼 국물이 시원했다. 김치는 안 먹어도 되는데 국물이 들어가야 하니 나도 어쩔 수 없는 한국인이다.

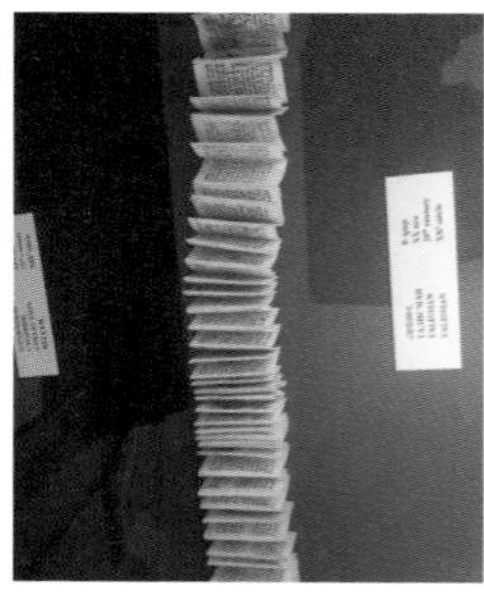

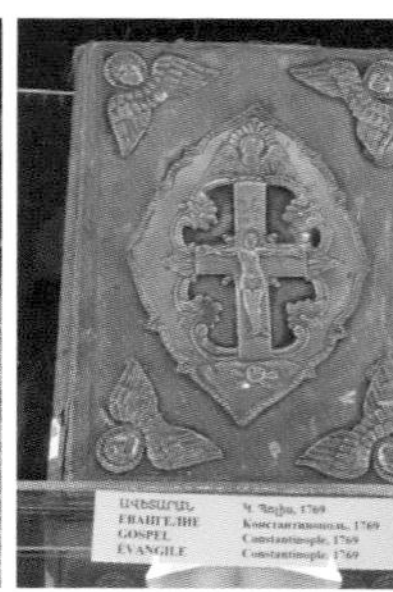

▶ 아르메니아 문자의 아버지, 마슈토츠 ▶ 접어서 보던 책, 두루말이 책, 철로 커버가 장식된 성경책

고문서 보물창고, 마테나다란

마테나다란 고문서 박물관에 다녀왔다. '마슈토츠 고문서관'이라고도 하는데, 마슈토츠는 아르메니아 알파벳을 만든 우리나라 세종대왕 같은 분이다. 이곳에는 1만 7,000여 권의 중세시대 책과 필사본 등 귀한 자료들이 많다. 아르메니아 외에도 인도, 아랍, 중국 것까지 있어서 흥미로웠다. 터키와의 전쟁 때 많이 소실되었을 텐데 인구도 적은 나라에서 이만큼 수집하고 보존한 것도 대단해 보였다.

아르메니아나 조지아나 국가적으로 중요한 곳은 다들 언덕 위에 있다. 우러러보며 존경하라는 의미도 있겠지만, 이곳 또한 언덕배기에 있어 올라갈 땐 좀 힘들었다. 그런데 마테나다란에서 나오다 뜻밖의 광경을 만났다. 맑은 날씨 덕분에 저 멀리 아라라트산이 선명하게 보였다. 절로 뭉클해지면서 감동이 밀려왔다. 아르메니아인들의 영산, 성경의 명산인 아라라트산을 그대로 볼 수 있어서 좋았다.

돌아오는 길에, 숙소 근처 오페라 하우스에서 마침 카르멘 공연을 하고 있었다. 뉴욕이나 런던에서 보는 것에 비하면 무대가 화려하진 않았지만 워낙 내용이 잘 알려진 것이라 즐겁게 감상했다.

▶ 마테나다란을 나오면서 본 아라라트산. 따뜻한 오월임에도 눈 덮인 멋진 모습으로 나타나 감동을 안겨주었다.

돌들의 교향악, 주상절리

예레반 근처에 있는 주상절리에 갔다. 일명 'Symphony of stones(돌들의 교향악)'다. 바위들이 악기처럼 생겼나, 아니면 다채롭게 모여 조화로운 건가 궁금증이 생겼다. 아침 일찍 나서 공화국 광장에 가 물어보니 투어 소형 버스비가 25,000드람이란다. 다른 일행이 올 때까지 기다리겠다고 하니 그룹으로 가도 1인당 가격은 같단다.

주변의 다른 관광지도 포함한 가격이긴 하지만, 속으로 그게 말이 되냐며 앉아서 거리 검색을 해보니 왕복 40~50킬로미터밖에 안 됐다. 기다렸다 지나가는 택시를 잡고, 왕복으로 얼마면 되냐니 1만 드람은 줘야 한단다. 돈 없다며 8,000드람으로 깎아달라고 협상을 했다.

도심을 벗어나니 공기부터 달랐다. 초록과 구릉지대가 펼쳐졌고, 멀리 아라라트산도 선명하게 보였다. 전날 마테나다란 고문서 박물관을 나오면서 감동적으로 보았는데, 오늘은 차 타고 가는 내내 나를 따라오듯 오랫동안 선명한 모습을 보여주었다. 가다 길가에서 양떼도 만났다. 문득 이런 곳에 와서 한달살이 해도 괜찮겠다 싶었다.

도착해서 보니 바위가 정말 신기하게 생겼다. 그리고 관악기처럼 생긴 바위 옆에 계곡이 있는데 물소리가 우렁차서 마치 웅장한 오케스트라 연주를 듣는 듯 시원했다.

오는 길에 아라라트산을 찍는 스팟에 들러 사진을 찍으려 하니 아까보다 선명하지가 않았다. 큰 것과 작은 것 두 봉우리가 있는데 각각 해발 5,137미터, 3,896미터다. 에베레스트산이 산맥과 이어져서 가장 높은 산이라면, 아라라트산은 평지에서 제일 높은 산이다. 노아의 홍수, 인류 대홍수 사건은 성경보다 훨씬 이전에 기록된 수메르 신화와 각국 신화에도 나오는 걸로 보아 저 꼭대기 외에는 다 물에

▶ 절묘한 바위가 마치 제주도 주상절리 같다. ▶ 길에서 만난 양떼

잠긴 게 사실인 듯하다. 그런 생각을 하니 그 아래 펼쳐진 구릉이 다시 보였다.

자연 속 신비를 보고 와서는 자유광장 앞 인공 호숫가에 앉아 모처럼 긴 휴식을 취했다. 다 내려놓고 와서 매달려야 할 일상적 의무도 없으니, 그냥 멍 때리고 앉아 지나가는 사람들만 보았다. '이런 거 하려고 여행 온 거지~' 하면서. 어쩌면 아무 생각 없을 때가 제일 행복한지도 모르겠다.

캐스케이드에서 멍 때리기

다음날은 '폭포'라는 뜻을 지닌 캐스케이드를 보러 갔다. 예레반을 재건축할 때 자유광장과 공화국광장을 이으면서 아라라트산을 볼

▶ 캐스케이드 앞

▶ 예레반 도시와 캐스케이드를 맨 처음 설계했던 타마니안 동상

▶ 폐 타이어를 이용한 한국 작가 지용호 작품. 갈기가 생동감 있게 잘 표현되었다.

수 있는 높은 위치에 이곳을 만들 계획을 세웠다고 한다. 555계단을 올라가면 예레반 시내가 한눈에 보인다. 소비에트연방 가입 50주년 기념으로 건축하기 시작했는데, 소련 해체 이후 중단되었다가 독립 후에는 경제적 어려움으로 못하다 2000년대 들어 재개되어 지금도 공사 중이다.

캐스케이드 앞 야외 전시장을 둘러보고 벤치에 앉아 오가는 사람들을 구경하거나 에스컬레이터를 이용하면서 555계단을 올라가 멍 때리며 예레반 시티를 보는 것도 좋으니 추천한다.

프랑스도 인정한 아르메니아 코냑

예레반에서의 마지막 날, 아침부터 비가 장렬히 내렸다. 오늘은 하늘이 여행자에게 준 휴가라 생각하고 쉬자며 누워 있다가, 누가 아르메니아 코냑은 꼭 맛보라고 했던 기억이 나 벌떡 일어났다. 주소를 검색해 코냑 체험장을 찾아갔으나 길을 몰라 많이 헤매다 겨우 도착했는데, 한 군데는 예약이 이미 다 차서 할 수 없이 다른 곳으로 갔다.

원래 코냑은 프랑스 코냑 지방에서 생산되는 와인을 증류하여 만든 브랜디인데, 1900년 파리 만국박람회에서 블라인드 테스트를 한 결과 아르메니아산 브랜디가 그랑프리를 수상하자 프랑스 코냑협회에서 코냑이란 이름을 쓰도록 승인해주었다. 그 후 아르메니아 코냑으로 공급되었다. 아르메니아는 강한 햇볕을 받고 자란 포도와 아라라트산에서 흘러나온 천연수, 질 좋은 오크통이 있어 코냑을 생산하는 데 최적의 조건을 갖추고 있다.

체험장에 와 보니 술통들이 어마어마했다. 지하 3층에는 10톤짜리 오크통이 즐비했다. 냄새만으로도 취할 것 같은데 오크통에서 배어나오는 향이 좋았다. 시음장에서 가이드가 이렇게 저렇게 마시라고 열심히 설명하며 10년산과 5년산 두 잔을 줬다. 50도라기에 겁이 나서 조금씩 마시니 앞에 앉은 일행이 원샷을 해야 맛을 제대로 알

▶ 노아 팩토리. 예전에 요새로 사용하던 건물이어서 그런지 웅장하다. 길게 성처럼 되어 있다.
▶ 빨간 리본이 붙은 것은 아라라트산에 들고 올라갔다 온 코냑이라 'holy 코냑'이라 한다.
▶ 도열되어 있는 오크통들. 오크통 중간의 숫자는 양이다. 예를 들면 10.75톤
▶ 코냑 시음장

수 있다고 했다. 시킨 대로 해보았더니 속으로 타고 내려가는 느낌이 강렬했다. 두 번째 잔도 쭉 들이켰는데 생각보다 괜찮았다.

코냑까지 맛보고 아르메니아 여정 마지막 날을 잘 마무리했다. 컨디션이 좋아져서인지 몰라도, 예레반에 있는 동안 푸근한 사람 냄새 가득한 정을 느꼈다. 퇴근한 아빠들이 아이들과 함께 오페라 광장에서 노는 모습, 놀이공원 이런 것을 많이 봐서 그런 느낌이 들었는지도 모르겠다. 작지만 강한 나라 아르메니아, 이 땅의 평화와 안전을 위해 기원하는 마음을 가지고 떠났다.

프라하 도착 첫날부터 인터넷이 안 된다!

아르메니아에서 프라하로 왔다. 나는 여행 중 다음 일정은 출발하기 이삼 일 전쯤에 결정하므로 어디로 갈지 정해진 계획이 없었다. 항공권을 이리저리 검색하다 가격 대비 프라하가 제일 나은 것 같아 프라하로 결정했다. 와 보니 프라하는 깨끗하고 아름다웠다.

기계치인 나는 어쩌라구

프라하에 도착한 첫날, 유심 때문에 속을 끓였다. 와이파이가 되는 숙소 방에서도 불통 표시가 뜨니 불안해졌다. 인터넷만 믿고 지내다 갑자기 깜깜이 세상이 된 것이다. 아무래도 유심이 문제인 것 같아 유심을 새로 구입했다. 생전 처음 내 손으로 유심을 교체해 보려니 암담했다. 다행히 아이패드가 있어 네이버로 검색해 방법을 알아내 핀침으로 유심 박스를 열긴 했는데, 비번을 잘못 넣는 바람에 더 복잡해져 버렸다. 기계치인 나는 의기소침해 더 풀이 죽었다. 스마트폰 하나 믿고 하는 나 홀로 여행인데….

문득 유튜브에서 스마트폰도 없이 지도 한 장 들고 히치하이킹을 하던 해맑은 독일 청년이 떠올랐다. 정 안 되면 나도 그 청년처럼 그냥 다녀보자며 맘 편히 잤다. 다음날 시내로 나가서 보다폰 매장을 찾다 스마트폰 간판이 보이기에 들어가 유심을 교체했다. 그제야 인터넷 불통 표시가 사라졌다. 이제 구글 지도 어플이 작동하니 맘껏 뚜벅이 하면 된다!

너무 화려한 보석방

프라하 여행은 무조건 위에서 전체 조망을 즐기고 내려가서 보라는 팁에 따라, 스트라호프 수도원과 프라하성으로 가려고 트램 정거장에 갔다. 두리번거리다 옆에 있는 아주머니에게 몇 번을 타야 하냐고 물어보니 자기도 그 수도원에 간단다. 깐깐해 보였는데, 배려심이 많았다. 트램 안에 멀찍이 있는 내게 두 정거장 남았다고 손가락으로 사인을 보내왔다. 내린 다음, 어느 나라에서 왔냐고 물으니 자긴 체코인이고 이 동네 사는데 수도원은 저쪽으로 걸어가면 입구가 나온다며 건널목까지 안내해주고 갔다. 고마운 분이었다.

수도원을 돌아보니 예수님의 말씀이 떠올랐다. "누가 내 친구냐? 굶주린 자, 병든 자, 감옥에 갇힌 자, 고통받는 자 아니더냐? 네가 언제 그들에게 먹을 것, 마실 것, 입을 걸 준 적 있느냐?" 의식과 제전을 위한 사제의 화려한 치장보다는 차라리 그 비싼 보석을 팔아서 가난한 자들을 돕는 게 참된 예수의 가르침이 아니었을까? 종교가 참 가르침, 본질을 벗어날 때 종교의 순기능보다 역기능의 폐해가 시작된다.

푸근하고 따뜻한 사람들

수도원을 둘러보고 내려오다 허기가 져서 뭐라도 먹으러 레스토랑에 들어갔다. 토마토 소스에 소고기가 부드럽게 요리된 음식이 맛있었다. 스몰 비어를 시켰는데 주인아저씨가 '또 한 잔?' 하기에 괜찮

▶ 스트라호프 수도원에서 바라본 빨간 지붕과 초록나무들. 멀리 볼타강이 보이는 모습이 아름답다.
▶ 스트라호프 수도원 회랑과 내부
▶ 금실로 수놓은 사제복과 보석 박힌 비단 신. 보석들에는 과부의 마지막 동전 한 닢도 들어가 있지 않았을까.

다고 하니 이곳의 유명한 수제맥주에 대해 설명하며 그냥 선물로 주겠단다. 폰 배터리가 다 되어 충전을 부탁했더니 긴 줄을 가져와서 내 테이블에 꽂아줄 때부터 친절하구나 싶었는데, 정말 마음씨가 푸근한 분이었다. 카를교로 내려와 다시 멋진 강 풍경을 보고 이 골목 저 골목 누비다 숙소로 돌아왔다. 도착한 첫날, 좋은 분들을 만난 덕분에 프라하는 좋은 느낌으로 다가왔다.

그동안 안전과 편리를 위해 도심 한가운데 숙소를 정했는데, 이번엔 조금 떨어진 곳에 정했다. 그것도 괜찮은 것 같다. 이번 숙소는 조

▶ 착시현상이 생기는 건물 벽
▶ 여행객들을 태우는 레트로풍의 차
▶ 대통령 궁전 정문. 기둥 위, 창과 몽둥이를 들고 있는 인물은 체코를 압제하던 오스트리아 합스부르크 왕가, 아래쪽은 고통받던 체코인을 상징한다. 근위병의 부동자세가 재미있다.
▶ 신고딕 양식의 성 비투스 성당. 왕과 주교, 귀족들의 유골이 안치되어 있다.

식을 배달해주는데, 들릴 듯 말듯 조심스런 노크 소리에 문을 여니 소박한 시골 아낙네 차림의 아주머니가 수줍게 미소를 지으며 빵 바구니를 들고 있었다. 다음날에는 산골 아가씨 같은 직원이 '굿모닝' 하며 함박미소로 빵 배달을 하고 갔다. 조식을 룸서비스로 먹으니 편하긴 한데 치즈랑 베이컨 등을 매일 가져오니 냉장고에 먹을 게 쌓여갔다.

프라하에 왔더니 영화 〈프라하의 봄〉이 다시 보고 싶어졌다. 여행을 다니니 봐야 할 영화도 늘어간다. 원래 여행이란 게 삼부작이다. 떠나기 전 준비와 계획, 그리고 여행의 본 실행, 마지막 정리로 이뤄지는데 사실 마지막 부분이 더 진국일 수 있다. 마치 메인식사 후 달콤한 디저트 먹듯 여행의 실전 파동이 가라앉은 후, 여행의 기억과 함께 더 여유 있게 즐길 수도 있으니 말이다.

카를교에서 소원 한번 빌어볼까

볼타강 위의 카를교는 신성로마제국과 보헤미아의 왕이 된 카를 4세의 이름을 따서 지었다. 14세기에 다리 건설이 시작되어 수십 년이 걸려 완성되었다. 카를교는 1841년까지 프라하성과 구시가지를 잇는 유일한 다리였다. 이 다리 덕분에 프라하는 서유럽과 동유럽을 잇는 주요 교역로로 발전할 수 있었다.

다리 위는 30개의 성인 조각상으로 장식되어 있다. 그중 관광객들이 지나가며 만지는 조각상이 있어 찾아보니 재미있는 이야기가 담겨 있었다.

카를 4세의 아들인 바츨라프 4세 왕이 왕비의 부정을 의심하며 왕비가 고해성사한 신부 네포무크를 불러 캐물었다. 신부는 입을 다물고 누군가에게 말한다면 왕의 곁에 있는 개에게만 말하겠다고 하자, 화가 난 왕이 신부의 혀를 자르고 다리 아래로 던져 죽게 했다. 신부는 죽기 직전 "내 마지막 소원을 이 다리에 바치노니, 이 다리에 선 자는 소원을 이룰 것"이라고 축복을 했다. 그래서 지금도 사람들이 신부와 개와 왕비의 청동판 조각을 만지며 소원을 빈다고 한다.

프라하 인구는 약 120만 명이며, 주변 도시를 포함하면 약 200만 명에 달한다. 프라하는 중앙유럽 전체에서 정치, 문화, 경제 중심지

▶ 카를교 ▶ 카를교 입구 동상들 ▶ 개는 닳아서 반질반질~ 왕비에 대한 연민의 마음인지.

역할을 하고 있다. 관광지로도 유명해 런던, 파리, 이스탄불, 로마에 이어 유럽에서 다섯 번째로 방문객 수가 많다.

카를교에 두 번째 간 날, 하루 사이에 불어난 인파에 놀랐다. 수학여행 온 듯한 아이들의 모습도 보이고, 가이드가 건축양식 등을 설명하는 모습도 보였다. 프라하는 세계에서 가장 다양한 건축양식을 자랑하는 곳이다. 양차대전의 피해를 그나마 덜 입은 덕분에 건물들이 잘 보존되어 다양한 건축양식의 건축물이 도시 곳곳에 퍼져 있다. 건축을 전공하는 사람은 꼭 와 봐야 할 것 같다. 문외한인 내 눈엔 다 아름다워 보이고, 다양한 건물들을 볼 수 있는 것만으로도 좋았다.

저녁에는 카를교 시가지 쪽에 있는 아시시 성 프란체스코 성당에서 파이프오르간 연주를 들었다. 그런데 하필 파이프오르간이 있는 발코니 아래쪽에 앉아서 성악가와 연주자가 안 보였다. 하지만 파이프오르간과 소프라노의 목소리는 여행자의 피로를 씻어주기에 충분했다. 모차르트, 드보르작이 이 파이프오르간으로 연주하기도 했다고 한다.

▶ 1702년에 제작된 파이프오르간

연주회가 끝나고 나오는데 바로 앞에 '푸틴, 우크라이나에서 손 떼라'는 플래카드가 보였다. 잠시 천상의 소리에 젖어 있던 내 마음도 그러하다. 전쟁은 결국 여자와 어린아이, 젊은이들을 희생시키는 것일 뿐이다. 그 모든 고통과 파괴는 단지 어리석은 이들의 노추한 욕심 때문이다. 낭비하기엔 너무도 짧은 생이다. 허망한 것을 위해서 생명과 평화, 안전을 해치는 일은 없어야 한다.

트램을 타려고 오는 도중 강변 카페에서 흥겨운 음악소리가 들려서 보니 사람들이 춤을 추며 즐겁게 놀고 있다. 저렇게 웃고 행복하고, 젊은이들은 데이트하고, 아이들은 뛰노는 게 정상적인 삶의 모습이다.

체코 민주화의 현장, 바츨라프 광장

지하철도 없는 시골에 살다 와서인지 나는 프라하에서 트램의 매력에 푹 빠졌다. 첫날은 교통카드 판매기를 눈앞에 두고도 못 샀는데, 다음날 인터넷에서 구입법을 찾아보고 며칠치 분량을 샀다. 개시할 때 한 번 찍고 사용하면 승차 시 찍지 않아도 되니 부산하지 않아 편했다. 트램은 거의 바닥에 닿아서 운행하니 버스보다 덜컹거림이 적어서 좋다. 도시를 누비는 트램들이 내 눈엔 마치 부지런히 바삐 움직이는 귀여운 애벌레들처럼 보인다.

역사의 통로를 따라

트램을 타고 바츨라프 광장에 갔다. 그 유명한 '프라하의 봄'이 일어났던 곳이다. 1968년 사회주의 공화국이었던 체코에서 자유화 바람이 일기 시작했고 사람들이 바츨라프 광장으로 몰려나와 자유와 민주주의를 외쳤다. 하지만 러시아는 탱크까지 보내서 무력으로 짓밟아 버렸다. 그렇게 프라하의 봄이 좌절되자 1년 후 카를대학 학생 두 명이 억압하는 러시아뿐 아니라 비참한 현실에 주저앉은 체코 사람들을 비난하며 분신자살을 했다. 지금도 광장의 조그만 위령소 앞에 두 학생을 위한 꽃이 놓여 있다. 두 사람의 희생이 민들레 씨앗이 되었는지 20년이 지난 1989년에 다시 100만 명 이상이 이 광장에 모여 마침내 무혈혁명으로 체코의 민주화를 이뤄냈다.

광장을 걸어서 쭉 올라가면 국립박물관이 나온다. 할머니 안내원이 엘리베이터를 타고 3층부터 올라가서 차례로 본 다음 다른 건물을 통해 나가라고 알려주었다. 1층은 체코 역대 인물들의 회화와 흉상, 체코의 역사, 고고학 유물이 전시되어 있고, 2층은 체코의 문학, 음악, 희곡, 사회주의시대 투쟁 자료, 사진 등이 전시되어 있다. 3층은 자연박물관이다.

그런데 박물관의 백미는 바츨라프 광장으로 나가는 통로였다. 그곳에는 체코의 근현대사를 보여주는 영상이 나오고 있었다. 나치 점령과 이후의 혁명 관련 영상들을 보면서 긴 통로를 걸어가는 동안 마치 내가 그 현장에 있기라도 한 것처럼 생생하게 느껴졌다. 그 역사의 통로로 과거와 지금의 광장정신을 계승하려는 노력과 의지를 보여주는 듯했다.

▶ 국립박물관 지붕 꼭대기 쿠폴라에서 내려다본 바츨라프 광장
▶ 광장 앞에 있는 희생된 두 학생의 위령소 ▶ 국립박물관 앞 분수

▶ 구시가지 광장 거리 풍경과 천문시계탑

박물관을 나와 프라하 구시청 광장으로 왔다. 이곳의 볼거리는 세계에서 세 번째로 오래되었다는 프라하 천문시계다. 오전 9시부터 밤 11시까지 매시 정각에 천문시계 쇼가 펼쳐지는데, 예수의 12제자 모형의 인형 퍼포먼스를 볼 수 있다. 많은 여행자들이 천문시계 쇼를 보려고 기다리기에 나도 무작정 기다리다 봤는데, 보고 나니 잠깐 하는 이걸 보려고 그렇게 기다렸나 싶어 허탈했다.

우연히 만난 카프카

하루는 트램을 타고 관광지가 아닌 프라하 주변을 둘러보았다. 그냥 편한 데서 타서 끝까지 가 보고 오면 되겠지 싶었다. 관광지나 시내 중심에서 벗어나면 사람들의 일상이 보인다. 그렇게 가다 공원과 큰 건물이 보이면 내려서 보고 쉬다가 다시 타고, 그런 식으로 편하게 동네 산책도 해보았다. 느긋하게 그냥 무심히 지나가는 풍경 보고, 사람 구경하며 다니는 게 진정한 자유 여행이지 싶다.

▶ 카프카의 얼굴

트램을 기다리다 큰 상가 건물 뒤쪽에 뭐가 있는지 궁금해 들어가본 곳에서 우연히 '카프카의 얼굴'을 만났다. 세계적인 조각가 데이비드 체르니 작품인데 높이가 10미터나 된다. 놀랍게도 얼굴이 형태를 바꿔가며 허물어졌다 다시 돌아오고를 반복하며 사방으로 움직인다. 마치 카프카의 〈변신〉처럼.

유대계 동유럽인으로 자기 정체성을 찾아 고민했던 카프카의 모습, 부친의 냉대와 모멸을 견디며 글을 써야 했던 카프카를 잘 대변한 작품이 아닌가 싶다. 그는 프라하 상류층인 독일인들에게는 유대인이라는 이유로, 유대인들에게는 또 다른 이유로 배척받았다. 그리고 자수성가한 사업가인 부친은 그에 대한 정신적 몰이해로 괴롭혔다. 누이 셋은 유대인 수용소에서 죽었고, 그는 평생 결혼을 하지 않았다.

안정과 평화 찾기

트램을 타고 둘러본 몇 군데 성당에서 본 사람들의 모습이 기억에 남는다. 슬리퍼 한 짝도 흘려버린 채 무릎을 꿇고 한쪽 구석에서 간절히 기도하던 할머니, 한참을 그대로 망부석처럼 기도하는 긴머리의 젊은 여인. 신이 있다면 기도를 들으실 것이고, 아니면 자기 암시로라도 마음의 안정과 힘을 얻지 않을까 싶었다.

어쩌다 이집트가 여행의 첫 행선지가 되었는데 내가 도착한 날이 바로 라마단 시작일이었다. 근 한 달 동안 하루 다섯 번씩 울려퍼지

▶ 걷다 목말라 사 먹은 체코식 맥콜. 국민 음료인지 어느 마트에 들어가나 많이 보였다.
▶ 체코 국민 간식인 듯. 나이 든 여행자들이 길바닥에 앉아서도 잘 먹는다. 양이 너무 많고 칼로리도 높아 이거 먹고 점심을 못 먹었다.

는 아잔 소리를 들으며 그들의 쉽지 않은 종교적 실행을 존중하게 되었다. 그리고 이곳 동유럽에서도 경건하고 간절하게 기도하는 사람들을 많이 보았다.

영원함에 대한 회귀 의식과 간절함. 세상사 파고를 안 타는 사람은 없으니 절대자에게 의탁해 답을 구하고 마음의 안정과 평화를 찾는 건 자연스러운 일이다. 새가 양 날개로 날듯이, 그리고 그것 또한 공기와 바람이 있어야 가능하듯, 사람이 할 수 있는 것을 하되 나머지는 하늘에 맡기는 것이 지혜라 본다. 진인사 대천명, Heaven helps those who help themselves~.

부다페스트 입성하기 정말 힘드네

누군가 덥석 가방을!

조지아에서 아르메니아로 이동한 경험을 바탕으로 헝가리 부다페스트도 버스를 타고 가야지 하며 플릭스버스(Flixbus)를 예약했다. 그런데 예기치 못한 엄청난 난관이 기다리고 있었다. 그간의 여행 중 난이도가 가장 높은 이동이었다.

출발 장소인 프라하 중앙역으로 가니 기차역이라 버스 정류장이 안 보였다. 서너 사람에게 물어물어 걸어가는데 20킬로그램이나 되는 가방의 최대 난적인 계단이 나타났다. 가방을 두고 위로 올라가서 주변 사람에게 도와달라고 하니 친절한 아저씨가 가방을 올려다주었다. 그런데 이쪽이 아니라 반대쪽이란다. 맙소사! 다시 계단을 내려와야 하는데 또 도와달라 하기 민망해서 낑낑대며 한 계단씩 내려오는데 누군가 덥석 가방을 붙잡았다.

세상에나! 아기를 한 팔에 안은 젊은 엄마였다. 입을 앙다물고 힘을 주어 내 가방을 함께 들고 내려갔다. 너무 놀라고 감동을 받아 고맙다 어쩌구 하려는데, 말할 새도 없이 눈빛으로만 일별하고 총총히 가버렸다. 작은 체구에 까무잡잡한 얼굴, 강한 눈빛에서 당당함이 느껴졌다. 나도 힘을 내어 반대편 계단을 오르는데, 힘들어보였던지 계단을 내려오던 할아버지가 내 가방을 번쩍 들어다 올려주었다.

세상이 정말 아름다운 것 아닌가. 내가 요청하기도 전에 먼저 손 내미는 사람들, 누가 뭐래도 세상은 아름다운 거다. 다만 우리 마음이 세상의 밝음과 어두움 중 어느 쪽을 볼지 선택할 뿐이라는 생각이 들었다.

정류장도 없이 버스 팻말만 달랑 서 있는 곳에서 버스를 타고 드디어 출발했다. 산은커녕 구릉조차 안 보인다. 낮게 떠 있는 흰 구름과 초록의 풍경, 너른 프라하의 평지는 창틀도 없는 넓은 통창 덕분에 더 파노라마 같고 평화로웠다.

폰도 죽고 숙소 열쇠도 못 찾고…

그런데 평화의 시간은 길지 않았다. 사진을 정리하고 있는데 갑자기 폰이 멈춰버렸다. 비번을 넣으라는데… 뭐든 잘 버리는 내가 비번이 적힌 케이스를 통째로 버린 탓에 알 수가 없다. 폰이 완전히 죽어버렸다! 또 유심이 고장난 것이다! 사진도 못 찍고 시간도 알지 못한 채 7시간을 자다 깨다 풍경만 보며 갔다.

국경을 지난 것 같은데 아무런 검문도 없다. 입국 심사는 어디서 하지, 도착해서 하나 했는데 다들 내려서도 뿔뿔이 흩어진다. 누군가를 붙잡고 입국 심사 안 하냐며 물어보니 어깨를 으쓱 하며 그런 거 없다 한다. 역시 유럽연합국은 다르구나 싶었다. 나중에 알고 보니 더러 버스에서도 하는데 어떨 땐 그냥 국경 통과란다.

날은 벌써 어둑해져 오는데 폰이 죽었으니 택시 어플도 사용할 수 없어, 버스정류장 앞에 줄 서 있는 택시를 탔다. 다행히 숙소 주소를 적어둔 쪽지가 있었다. 가면서 택시 기사는 김정은이 어떻고 등 너스

레를 떠는데 벌써 느낌이 안 좋았다. 미터기를 보니 출발부터 이미 돌려놓았는지 요금이 엄청 올라가 있다. 숙소 주위에 얼추 온 것 같은데도 빙빙 도는 느낌이었다. 악명 높은 헝가리 집시처럼 보이는 택시 기사가 점점 무서워지기 시작했다.

얼마 후 차를 세우더니 미터기를 보이며 돈을 달라기에 일단 가방부터 내려달라 하곤 차에서 내렸다. 가방을 받아든 뒤 미터기에 나온 요금의 절반만 주니 어이없다는 태도를 보였다. 방값도 내야 하고 돈이 없다며 돌아서니 내게 막 욕을 하는데, 속으로 '당신 같은 나쁜 놈한테 욕하는 것도 욕 먹는 것도 두렵지 않아'라고 말하며 숙소 건물로 재빨리 들어가버렸다.

일단 들어오긴 했는데 더 이상 들어갈 수가 없었다! 호텔이 아닌 아파트형 숙소라 내가 늦게 도착하니 직접 열쇠를 찾아 들어가라는 숙소 측 메시지를 메일로 확인했으나 당황해서 기억이 나지 않았다. 잠시 뒤 겨우 생각나 메모해둔 걸 보며 열쇠를 찾는데 아무리 찾아도 열쇠가 안 보였다. 하는 수 없이 건물 내 불 켜진 집 문을 두드렸다. 첫 번째 집은 할머니가 나왔고 두 번째 집은 아주머니가 나왔는데, 둘 다 '노우 잉글리시'라며 문을 닫아버렸다. 아이고오 어쩌라구ㅠㅠ. 멘붕에 빠져 건물 중앙 정원에 우두커니 앉아 있었다.

열쇠도 열쇠지만 건물 자체가 주는 위압감이 느껴졌다. 숙소 어플에서 깔끔한 내부 사진만 보고 예약했는데, 오래된 건물이라 입구에 창살까지 있고 문짝도 엄청나게 두꺼웠다. 헝가리는 집시도 많고 해서 그런지 이중삼중 보안장치가 되어 있는데 폐소공포증이 좀 있는 내겐 무슨 감옥처럼 보여서 가슴이 답답했다.

그래도 맥 놓고 마냥 앉아 있을 순 없어 용기를 내어 불 켜진 1층

문을 다시 두드리니 다행히 영어가 되는 아가씨가 도와주러 나왔다. 그녀와 함께 찾아봤지만 열쇠도 방 번호도 찾을 수가 없었다. 이리저리 문을 두드리다 건물 내 숙소 주인 지인을 만났고, 그가 주인이랑 통화한 후에야 겨우 들어갔다.

열쇠는 건물 입구 벽에 붙어 있는 자물통 같은 데 들어 있었다. 메일에 'lockbox' 안에 있다고 되어 있어 우편함이나 방문 앞에 박스 같은 게 있는 줄 알았다. 게다가 방 번호조차 내가 생각했던 것과 달랐으니 못 찾는 게 당연했다. 나중에야 안 사실이지만 건물 입구 자물통, 즉 열쇠보관함 비번이 있고 그걸 열고 열쇠를 찾은 다음 현관 비번을 누르고 들어가서 내 방을 찾아가란 소리였다. 이런 복잡한 유럽식 체크인은 처음이었는데, 폰이 죽는 바람에 그 내용들을 다시 확인할 수 없어서 그 소동이 일어난 것이었다.

내게 바가지를 씌운 택시 기사와 야속한 집주인에 대한 부정적인 이미지는 프라하에서 무거운 가방 들어준 두 명의 천사인 아기 엄마와 할아버지로 상쇄하기로 했다. 순간순간 마음을 털고 가는 게 여행의 무거운 마음 비우기다.

유심 케이스만 버리지 않았더라도

이튿날 폰을 살리러 나갔는데 아뿔싸, 일요일이라 문 연 곳이 없었다. 폰이 안 되니 방에서 아이패드라도 쓰려면 와이파이 비번을 알아야 하는데, 늦게 도착해 셀프 체크인을 하느라 비번을 모르고, 주인에게 전화를 걸 수도 없었다.

할 수 없이 밖으로 나가 두세 사람 붙잡고 전화 한 통 하자고 부탁했으나 거절당했다. 벤치에 앉아 맥주를 마시던 남자는 자기 폰 사용량이 적어 어쩌구 해서 돈을 주겠다 하니 대뜸 얼마를 주겠냐고 말하기에 기분이 영 마뜩치 않아 그냥 돌아섰다.

카페에 들어가 음료를 시키면서 전화를 부탁하면 되지 않을까 싶어 카페에 들어갔는데, 바텐더 직원이 자긴 주문 응대 서비스만 하지 그건 할 수 없다고 한다. I understand, but I can't. 참 간단명료하면서도 냉정한 말이다. 그래 내일까지 기다리지 뭐, 하다 마지막으로 건너편에 앉아 콜라를 마시는 아저씨에게 접선해 사정을 얘기하니 자기 폰으로 통화하라며 빌려주었다. 드디어 주인에게 와이파이 비번을 확인해 숙소에 가서 아이패드로 세상을 열었다!

그렇게 폰 없이 깜깜이로 삼사 일을 보내고 다시 보다폰 매장에 가서 개통을 했는데 내가 몰랐던 사실 한 가지! 유럽연합국은 어딜 가나 유심을 안 바꿔도 된단다!!! 오 마이 가데쓰~ 비번이 적힌 유심 케이스만 안 버렸어도 이런 개고생은 안 해도 됐을 텐데.

택시 요금 바가지와 열쇠 찾기 등 부다페스트에서 겪은 나의 모든 개고생은 '유럽연합국은 유심 공유 가능함'에 대한 내 '무지'로 인함이었으니 오호통재라! 이제 와서 누굴 탓하리오!!

여행이 끝난 한참 뒤에도 부다페스트는 방 찾는 걸로 기억될 것 같다. 이제껏 공항에 도착하면 내 이름 크게 적힌 종이를 들고 있는 기사님이 가방을 들어주고 숙소까지 착 데려다주어 아무런 불편함이 없었다. 그래서 사실 아무 생각이 없었다. 숙소 찾는 게 이리 힘든 일일 줄이야!

‘Excuse me’ 열 번쯤이야

도나우강 서편은 부다(Buda), 동편은 페스트(Pest)로 나뉘어 지내다 1872년 양쪽이 합쳐져 부다페스트가 되었다. 부다 쪽은 구릉으로 지대가 높아 부다성과 어부의 요새가 있고, 페스트 쪽엔 국회의사당과 각종 큰 건물과 상가, 대로가 펼쳐져 있다.

트램을 타고 부다 쪽 어부의 요새를 찾아가다 엄청 헤맸다(나는 새 장소로 이동하면 며칠간은 동서남북 구분이 안 되어 늘 헤맨다). 빙빙 돌아가다 끊겨버리는 구글 지도는 때론 도움이 안 된다. 트램을 반대방향으로 탄 바람에 다시 타고, 근처에 도착해서도 물어물어 힘들게 찾아갔다. 남들은 편히 갔다는데 왜 나는 계단으로 올라가나 싶었다. 알고 보니 뒤로 돌아 우회해서 간 거였다. 그러니 여행객들이 안 보여 불안감에 자꾸 물으며 간 것이었다. 다행히 카페 야외 테라스에 앉아 있는 사람들이 많아 묻기는 좋았다. 뚜벅이 나 홀로 여행자는 ‘Excuse me’를 하루 열 번 이상 외친다.

그렇게 찾아간 어부의 요새는 건물도 아름다웠고, 도나우강 건너 페스트 쪽 전망이 시원스레 펼쳐져 있었다. 강 양편을 이어주는 세치니 다리는 부다와 페스트를 연결하는 최초의 다리다. ‘체인 브릿지’라고도 한다. 올라가지 말라고 되어 있는데도 젊은이들이 다리 난간 위

▶ 세치니 다리
▶ 어부의 요새와 내려다보이는 뷰, 멀리 국회의사당이 보인다.
▶ 어부의 요새 카페 레스토랑에서 먹은 헝가리 대표 수프 굴라시. 안 매운 육개장 같은 맛이다.

에 올라 앉아 음료수를 마시며 강 풍경을 감상하고 있었다. '역시 젊음이야~'라며 웃었다.

부다페스트 야경

헝가리 건국의 아버지 세인트 이슈트반 왕은 가톨릭 교회의 성인으로 추대될 정도로 헝가리인들의 정신적 구심점이 되는 듯하다. 부다페스트 최대 규모인 성 이슈트반 대성당도 그를 기려 만든 것이다.

▶ 국회의사당 건물 ▶ 유람선에서 바라본 부다페스트 야경

성당은 거의 60년 동안 지어졌다. 밖은 웅장하고 내부는 붉은 대리석 기둥으로 밝고 화려하게 장식되어 있었다.

성당에서 나온 뒤 국회의사당을 보러 갔는데 마감시간 5분 전이라 들어갈 수가 없었다. 국회의사당은 건국 천 년 기념으로 지었는데, 높이가 96미터다. 96이라는 숫자는 헝가리의 선조 마자르족이 유럽에 최초로 정착한 896년을 기념하기 위한 것이다. 성 이슈트반 대성당도 96미터인데 같은 의미를 담고 있다. 국회의사당을 짓는 데 10만 명의 인부가 동원되고 50만 개의 보석들, 40킬로그램의 순금이 들어갔다고 한다. 현재까지 헝가리에서 가장 거대한 건물이다.

국회의사당에 못 들어간 대신 유람선을 탔다. 세계 3대 야경 중 하나라는데 비까지 흩뿌리는 날씨에다 너무 늦게 숙소로 돌아가는 것이 염려스러워 7시 걸 예매했더니 야경은 조금밖에 못 봤다. 5월 말 부다페스트는 밤 9시까지도 환하다. 국회의사당 쪽 야경을 제대로 보려면 더 늦은 시각에 배를 타야 한다. 비가 와 갑판에도 못 나갔지만 2시간 동안 열심히 연주해준 악사들로 분위기는 좋았다. 샴페인과 테킬라 한 잔이 나 홀로 여행객의 쌓인 긴장과 피로를 씻어 주었다.

부다페스트 박물관 돌아보기

어쩌다 부다페스트에서는 부다성 박물관을 비롯해 국립박물관, 농업박물관, 민족학박물관 등 박물관을 4군데나 들렀다.

박물관에서 기원전 1~2세기에 만들어진 유물들을 보며 섬세함과 정교함에 놀랐다. 특히나 금은 세공품이나 장식품은 지금 것보다 오히려 더 아름다운 것 같다. 기계가 아닌 수작업으로 노력을 집중해서 오랫동안 닦아온 숙련된 기술로 만들었기 때문일 것이다. 그래서 박물관을 관람하다 보면, 오늘날 우리는 기계문명 덕분에 편하게 살다 보니 과거보다 문명이 더 발전되었다고 착각을 하고 사는지도 모르겠다는 생각을 하게 된다.

문화는 한마디로 축약하면 의식주, 즉 먹고 입고 주거하는 것의 총합이다. 그래서 바이다후냐드성 농업박물관에서 본 것들이 국립박물관 유물보다 더 재미있고 흥미로웠다. 전쟁 때 쓰던 무기나 왕족, 귀족들의 장신구보다 일반 서민들의 의식주 문화가 전시된 것들이어서 더 와닿았다. 특히 몽골처럼 돔식 둥근 텐트인 '유르트(yurt)'라는 전통 집이 인상적이었다. 나중엔 여름집으로도 사용했다 한다. 그리고 우리나라 초가집처럼 짚 같은 걸로 지붕을 만든 것도 흥미로웠다.

바이다후냐드성에는 시민공원이라는 호수 같은 연못이 있어 아름답고 주변 공기도 맑았다. 간단하게 돗자리 챙겨 하루 농업박물관을 관람하며 피크닉을 해도 좋을 장소였다. 나무 그늘에 앉아 두어 시간 쉬고 나니 안구건조증도 사라지고 살 것 같았다. 잠시 누워 하늘을

▶ 국립박물관 ▶ 호수에서 바라본 바이다후냐드성
▶ 민족학박물관 건물 측면 왼쪽 끝을 자세히 보면 옥상 위 잔디가 보인다. ▶ 회쇠크 광장의 동상

보고 한참 눈을 감았다 뜨니 초록이 더 빛났다.

공원 옆에 거대한 건물이 있어 이건 또 뭐지 하며 들어가 보니 민족학박물관이었다. 화장실이나 들렀다 가려고 들어갔다가 결국 다 보고 나왔다. 각종 도자기가 진열되어 있었는데 규모가 어마어마했다. 다 보고 나와 옥상 모양을 보고 더 놀랐다. 완만한 곡선으로 지붕 양쪽이 휘어져 있었고 잔디와 나무를 심어 편안한 옥상 공원이자 전망대 역할을 하고 있었다. 건물 내부뿐만 아니라 외부도 잘 활용한 멋진 건축물이었다. 민족학박물관에서 나오면 멀리 동상들이 보이는데, 회쇠크 광장이다. 헝가리 역사상 유명한 사람들의 동상들이 다 모여 있다.

숙소로 돌아오는 길에 택시를 타고 골목골목 지나왔다. 프라하처럼 오래된 건물이 많았지만 이곳 건물이 좀 더 웅장하면서 큰 듯했다. 길도 더 널찍했다. 택시를 타면 주택가를 자세히 볼 수 있어 좋다.

다뉴브강가의 신발들

국회의사당은 이튿날도 표가 매진되어 건물만 보고 왔다. 대신 국회의사당에서 유람선 타러 가는 방향으로 '다뉴브강가의 신발들'이 있다 해서 찾아가 봤다. 2차 세계대전 중 나치에 목숨을 잃은 헝가리에 살던 유대인들의 희생을 기린 것이다.

▶ 다뉴브강가의 신발들

유대인들을 다뉴브강가에 모아놓고 신발을 벗게 한 뒤 강에 빠뜨려 학살했다고 한다. 강가에 놓인 60켤레의 신발은 당시의 참혹한 순간을 떠올리게 했다. 추모관도 역사관도 아닌 신발들의 나열이지만, 이 작은 메타포 하나로 많은 교훈을 줬다. 침묵 가운데 만행과 폭력성에 대해서 자문하고 성찰하는 계기를 주니 말이다.

부다페스트는 힘들게 입성한 도시였지만, 그동안 쌓인 피로를 씻고 가는 곳으로 다시금 푸근한 기억으로 자리잡았다.

▶ 멀리서도 보이는 부다성의 파란 돔

▶ 부다성 박물관 방명록이 게시판처럼 되어 있어서 한글로도 남기고 싶었다.

▶ 부다성 안의, 칼을 잡고 있는 새. 새는 헝가리 선조 마자르족을 상징한다.

▶ 성 내부 투어도 하고 박물관도 보니 일석이조다.

▶ 성 이슈트반 대성당에 가기 위해 구글 지도를 보며 헤매면서 두 번이나 갔다.

▶ 성 이슈트반 대성당 맞은편에 있는 경찰 동상. 볼록한 배를 문지르면 행운이 찾아온다고 한다.

비엔나에서 한 템포 쉬어가다

부다페스트에서 숙소 때문에 어려움을 겪고 나서 비엔나에서는 처음으로 한인민박을 이용했다(이후 한 번도 안 갔으니 내 여행에서 단 한 번 간 민박이다). 비엔나 숙소 검색을 하다 그곳에 대한 칭찬이 많아 문의를 했더니 여주인의 친절한 답변에 마음이 동해 예약한 곳이다.

혼자 여행하면서 힘들 때는 있어도 자기 암시와 격려를 하면서 다녀서 그런지 외롭다 느낀 적은 없었다. 설령 있었다 하더라도 긴장 상태라 몰랐을 수도 있다. 그런데 한인민박에 가서 사람들과 한국어로 말하면서, 아 지금쯤은 이렇게 쉬어가는 것이 필요했고 좋은 거구나라고 느꼈다.

합스부르크가의 나라

오스트리아는 인구 900만 명의 작은 나라다. 그러나 과거 합스부르크 왕가의 유럽 통치는 막강했다. 1차 세계대전이 이 나라 왕족의 살해로 발생했다면, 2차 세계대전 또한 이 나라 출신의 히틀러가 1938년 오스트리아를 독일과 합병시킨 후 발생했다는 사실도 역사적으로 중요하다. 그러나 우리에게 오스트리아는 모차르트, 하이든, 요한 스트라우스 부자와 독일 태생이지만 비엔나에서 주로 활동한 베토벤이 떠오르는 음악의 나라다.

이탈리아에 메디치가가 있다면 오스트리아에는 합스부르크가가 있다. '매의 성'이란 뜻의 작은 백작 가문이 유럽의 중심세력이 된 데는 혈맹관계가 바탕이 되었다. '다른 이들은 전쟁하게 하라. 우리 행복한 오스트리아여, 그대는 결혼하라'가 그들의 가훈이요 기치였다. 프랑스 루이 16세와 결혼한 마리 앙투아네트는 오스트리아 여제가 된 마리아 테레지아의 막내딸이다. 합스부르크가 남자들은 스페인 왕의 무남독녀와 결혼해서 그 나라를 자동 영입했고, 프랑스와는 꾸준히 혼인을 통한 혈맹관계를 맺었다. 루이 13세, 14세는 물론 나폴레옹도 황제가 되자 조세핀을 제치고 오스트리아 황녀를 왕비로 맞았다.

베르사유 궁전의 원조

18세기 중엽 마리아 테레지아 여제의 여름 별장으로 지어진 쇤브룬궁을 보러 갔다. 비엔나 시내에 있는 호프부르크 왕궁이 메인 궁전이지만, 쇤브룬궁에는 1,400개가 넘는 별채 방들이 있어서 유럽의 정치와 문화 교류가 실제적으로 이곳에서 이뤄졌다. 50만 평이나 되는 넓은 공원에는 산책로는 물론 사냥터까지 있다.

날씨도 적당해서 걷기 좋았다. 궁전 뒷편의 장미도 활짝 피었고, 줄을 서서 기다렸다 본 프라이빗 가든은 산책 중에 밀담을 나눠도 안 들릴 정도로 길 사이의 나무 울타리가 빽빽했다. 이곳은 오스트리아에서 가장 큰 궁전이자 방문객이 가장 많은 곳이다.

후일 프랑스가 이 궁전을 본 따서 베르사유 궁전을 지었다 하나 역시 원조가 더 나은 듯했다. 쇤브룬, 즉 '아름다운 우물'이라는 뜻의 이

▶ 베르사유 궁전의 모델이 된 쇤브룬궁 ▶ 상부 벨베데레

름에 걸맞게 정원 곳곳에 설치한 조각품과 분수가 한 시절 유럽을 호령했던 합스부르크 가문의 품격과 취향을 제대로 보여주었다.

벨베데레는 황실 회화 전시장으로 쓰였는데 상부, 하부 두 개의 건물이 있고 그 사이에 아름다운 정원이 있다. 상부에 구스타프 클림트를 포함한 화가들의 그림들이 전시되어 있다.

클림트의 그림은 인터넷에서 많이 보았지만 가까이서 그 유명한 '키스'를 직접 보니 남자의 진정성과 여자의 행복감이 전해져오는데 그 몰입감이 확실히 달랐다. 그래서 그리 유명한가? 물론 그림의 화풍, 기법엔 문외한인 나의 느낌과 생각일 뿐이다. 이 그림은 국외 반출이 안 되니 이거 보려고 오는 사람들로 관광 수입에도 도움이 될 것 같았다. 오스트리아의 과거가 어쨌든 지금은 작은 나라에 불과한데 이렇게 많은 사람들, 특히 유럽인들이 늘 북적대며 몰려오는 것이 부러웠다.

▶ 칼스 교회 전경. 기둥의 부조가 인상적이다. 교회 내부가 화려하다.
▶ 오페라 하우스 ▶ 국회의사당

비엔나에서 가장 아름다운 바로크 교회

트램에서 내리면 가까운 곳에 오페라 하우스가 있다기에 공원에서 잠시 쉬다가 저 건물이구나 하고 들어갔다. 그런데 오페라 하우스가 아니라 교회였다. 아니 교회가 이렇게 화려해도 되는가 싶을 정도였다. 칼스 교회는 비엔나에서 가장 아름다운 바로크 교회라고 평가받는다. 특히 부조가 조각된 거대한 두 기둥이 압도적이었다. 꼭대기

▶ 대통령 집무실, 박물관으로 쓰이는 신왕궁 ▶ 마리아 테레지아 동상
▶ 호프부르크 구왕궁 ▶ 시내에서 바라본 구왕궁

까지 계단으로 올라가서 비엔나 시내 뷰를 즐겼다.

하루쯤 공원에서 여유를 부려 봤으면

칼스 교회에서 나와 오페라 하우스 건물만 보고 쭉 걸어가다 괴테 동상을 만났다. 조금 더 지나니 공원이 나왔다. 로열파크(왕궁공원)라는데 날씨가 좋아 자리 깔고 드러누워 마냥 해바라기로 선탠을 즐기는 사람들로 가득했다.

공원 뒤로 자리한 멋지고 거대한 건물이 국회의사당이다. 19세기 건물인데 그리스 신전을 본따 만들었다 한다. 건물도 좋지만 그 앞

공원에서 여유를 즐기는 시민들이 부러워 나도 하루쯤은 저렇게 하고 가야지 했는데 아쉽게도 그러지 못했다.

빈소년합창단을 만날 수 있는 곳

국회의사당 옆으로 좀 더 걸어가면 사방 250미터 정도의 무척 넓은 영웅광장이 나오고, 길게 휜 궁전 건물이 보인다. 호프부르크 왕궁인데 1913년에 신바로크 양식으로 지어졌다.

왕궁은 구왕궁과 신왕궁으로 구분된다. 신왕궁은 대통령 집무실, 국제회의장, 박물관으로 사용된다. 구왕궁에는 세계적으로 유명한 빈소년합창단이 일요예배 찬양을 하는 왕궁 예배당을 비롯해 왕궁 보물창고, 세계에서 가장 오래된 승마학교가 있다. 내가 방문했을 때는 말쇼는 매진이었고 예배당도 닫혀 있어서 보물창고만 보고 왔다. 황제들은 1918년까지 궁전에 기거했는데 전 황제가 사용하던 방은 다음 황제가 사용하지 않는다는 불문율로 방이 무려 2,600개나 된다.

벌판 같은 영웅광장을 지나 길을 건너면 마리아 테레지아 광장이 나오고 그녀의 동상을 사이에 두고 미술사박물관과 자연사 박물관이 양옆에 있다.

비엔나의 상징 슈테판 성당

비가 부슬부슬 오기에 카페에 들어가 아메리카노를 시키니 에스프레소 잔 같은 작은 잔에 나온다. 맛은 아메리카노와 에스프레소의 중간이다. 아메리카노 맞냐니까 맞단다. 양이 적어 이번에는 카페라테를 시켰더니, 적당히 데운 큰 우유 컵이랑 크림 잔처럼 생긴 잔에 커

▶ 크림 거품을 빼면 커피 양이 너무 적어 한 잔 더 마시려고 카페라테를 시켰더니 우유와 커피를 따로 갖다 주었다.

피를 담아 왔다. 프랑스보다 커피를 백 년 더 먼저 마셨다는 오스트리아. 그래서 메뉴에도 없는 비엔나커피란 말이 생겼나 하면서, 커피를 어떻게 마시든 정해진 건 없다 싶어진다.

비가 오건 말건 슈테판 성당을 찾아가보기로 했다. 구글이 가르쳐줘도 나는 좌우 방향에서 항상 헷갈린다. 가다가 한 레스토랑 앞에 나와 있는 직원에게 길을 물어보니 코리안이냐 묻더니 누군가를 불러냈다. 주인인 듯한 한국 남자분이 나와 친절하게 길을 안내해주었다. 덕분에 잘 찾아갔다.

비엔나의 상징이기도 한 슈테판 성당은 12세기에 로마네스크 양식으로 지어졌지만 화재로 소실된 이후 수차례 다양한 건축양식으로 재건되어 독특한 혼합 양식의 건물이 되었다. 지하에는 대주교와 흑사병 때 죽은 시민들의 시신들이 묻혀 있다. 기독교 역사상 최초의 순교자로 알려진 스테파노 성인의 이름을 따왔고 세계 3위의 규모라 한다. 화려한 모자이크 지붕과 르네상스 양식으로 건축된 137미터 높이의 거대한 남탑으로도 유명하다.

모차르트의 결혼식과 장례식이 이곳에서 치러졌고, 하이든과 슈베르트는 청소년 시절 이곳 성가대원이었다. 시민들은 해마다 12월 31일 슈테판 성당 광장에 모여 새해를 맞는다. 종로 보신각 타종 행사가 생각났다.

▶ 슈테판 성당 입구 ▶ 137미터의 남탑 ▶ 아름답고 웅장한 슈테판 성당 내부

음악의 거장들을 찾아서

비엔나 시내 마지막 일정으로 중앙묘지에 찾아갔다. 비엔나 시민 수보다 몇 배나 많은 사람들이 묻혀 있다는 공원묘지는 정말 엄청난 규모였다. 원래 시내에 흩어져 있던 5개의 공동묘지를 한곳에 모아 조성했는데 세계에서 제일 규모가 크다.

트램과 지하철을 갈아타며 비 오는 오후 늦은 시간 외진 공동묘지로 가면서 나 혼자면 어떡하나 걱정했는데 그 시간 그 날씨에도 사람들이 간간이 있어서 다행스러웠다. 무수히 많은 무덤들 중에서 내가 아는 음악가들의 무덤을 찾았다. 베토벤, 모차르트, 슈베르트, 요한 스트라우스 부자. 그들의 음악에 대해 세세히는 모르지만, 소리란 도구로 많은 사람들의 영혼들을 어루만지고 위로하고 간 것만은 사실이다.

묘지를 다녀와서 여고 때 청소 시간 차임벨이었던 '엘리제를 위하여'를 다시 들어봤다. 그 여인을 위한 베토벤의 마음이 애절하면서

▶ 세 거장의 묘가 모여 있다. 왼쪽은 베토벤, 가운데는 모차르트, 오른쪽은 슈베르트의 묘다.

도 아름다운 기쁨으로 다가왔다.

모차르트는 궁정악사인 아버지 손에 이끌려 6세부터 누나랑 연주 여행을 다녀야 했다. 그리고 부인은 낭비에 도박까지 하며 평생 그에게 경제적 어려움을 주었다. 35세에 요절할 때까지 돈 때문에라도 작곡을 해야 했던 그는 전염병으로 처리되었는지 시신마저 찾을 수 없어 그의 묘에는 기념비만 세웠다 한다.

자녀들의 음악 활동을 적극 후원했던 베토벤이나 모차르트의 아버지와 달리 요한 스트라우스는 아들에게 음악의 길을 극구 말렸다 한다. 그런데도 불구하고 요한 스트라우스 2세는 왈츠곡을 많이 남겨 왈츠의 황제가 되었다.

멜크 수도원과 아름다운 다뉴브강

민박집 사장님의 강력한 추천으로 멜크 수도원에 갔다. 멜크 수도원에 가려면 철도역에서 파는 바하우 티켓을 이용하면 된다. 비엔나 서부역에서 멜크까지 기차를 타고 가 멜크 수도원을 본 다음, 바하우 유람선을 타고 바하우 계곡과 다뉴브 강변의 풍경을 감상한 뒤 크렘스에서 비엔나까지 기차를 타고 돌아오는 패키지 티켓이다. 바하우 계곡은 크렘스에서 멜크까지의 다뉴브 강변 지역을 일컫는데, 강과 어우러진 아름다운 계단식 포도밭이 관광객들을 모은다.

기차를 타고 풍경을 감상하며 한참을 가다 갑자기 어디가 멜크인지 헷갈리기 시작했다. 앞에 앉은 아주머니에게 물어보니 독일말로 길게 설명하는데 못 알아들었다. 아주머니는 답답했는지 기차가 멈추는 간이역마다 여긴 아니라고 말해주었다. 멜크역에 도착해서도, 기차가 완전히 멈추면 일어나려고 앉아 있는 내게 빨리 내리라고 재촉을 했다.

오스트리아 사람들에게 길을 물으면 내가 타야 하는 정류장까지 직접 데려다주고, 함께 길을 건너가 계단도 내려가서 가르쳐준다. 나한테만 그런 게 아니라 다른 한국 여행자들도 그런 경험이 있다기에 이곳에 오래 산 지인에게 물어보니 여기 사람들은 관광업이 자기들

▶ 멜크 수도원 입구

▶ 나선형 계단 아래쪽에 사진 찍기 편하게 거울이 놓여 있다.

을 먹어 살린다는 인식이 강해서 친절이나 서비스가 체화되어 있다 한다. 그래도 그렇지 관광으로 먹고사는 나라가 지구상에 한두 나라가 아닌데, 오스트리아 국민성이 정말 선진국이구나 싶었다.

멜크역에 내려서 멀리 수도원을 보면서 걸어 올라갔다. 이탈리아 작가 움베르토 에코의 《장미의 이름》이라는 소설이 이 수도원을 배경으로 쓰여 더 유명해졌다고 한다. 나중에 숀 코네리 주연으로 이탈리아, 프랑스, 독일 공동 제작으로 1989년 영화화되었을 때 프랑스에서 이 영화를 봤다. 수도원을 보고 나니 그 영화를 다시 보고 싶어졌다.

영화에서 본 수도원은 음침했던 것 같은데, 실제로는 입구부터 노란색으로 밝고 화려한 게 전형적인 바로크 양식이었다. 원래에는 왕궁이었던 곳을 기증해서 수도원이 되었고, 내부 도서관에는 10만 권의 장서가 있다. 수도원 내부에서 바깥쪽 테라스로 나오면 멜크시의 아기자기한 모습과 다뉴브 강변의 바하우 계곡이 한눈에 펼쳐진다.

▶ 바하우 계곡과 아름다운 다뉴브 강변 풍경. 이곳 다뉴브 강물 색은 옥색이다.

이곳도 나이 드신 분들이 단체관광을 많이 오신다. 지팡이를 짚고 걸으시는 모습을 보니 대단하다는 생각이 듦과 동시에 나도 다리에 힘 있을 때 더 자주 다녀야겠다는 생각을 했다.

산책하기에 딱 좋은 날씨라 수도원 정원에서 이리저리 걷다 앉아서 셀카도 찍고, 커피도 마시며 여유를 부려보았다. 그러다 어느덧 유람선 타는 시간이 되어 선착장으로 갔다. 걸을 때완 다르게 배가 출발하니 바람도 적당히 불어 배 타는 기분이 났다. 산기슭에는 역사적 유물인 성이 보이고 반대편엔 와인필드가 펼쳐져 있었다.

이곳은 와이너리가 많은 지역인데 특히 화이트 와인 드라이가 맛있다 해서 한 잔 마셨다. 배에서 마셨더니 기분이 고조되어서인지 맛이 아주 좋았다.

크로아티아에서 한달살이를 외치다

비엔나 한인민박에서 모처럼 가족 같은 분들과 편안하게 보내고, 다시 여정에 올랐다. 이제 이동은 문제없다. 플릭스버스를 처음 탈 때 프라하 중앙역에서 무거운 캐리어 끌고 헤매며 고생했는데, 택시를 타고 바로 버스 타는 앞에 내리니 아주 편했다. 역시 실패의 경험은 무섭지만 가장 좋은 스승이다.

비엔나에서 슬로베니아를 거쳐 크로아티아로 가는 길도 예뻤다. 버스 통창 밖 풍경에 가끔은 소리 없이 환호성을 질렀다. 빨간 지붕과 아이보리 혹은 흰색 벽, 그리고 초록이 삼합으로 이루는 풍경 속의 마을들이 지나가면 마음속으로 '아! 한달살이'를 외쳤다. 원하면 이뤄지니 소원도 조심스레 빌어야 하는데 말이다. 조그만 마을 인적 드문 곳에서 그냥 마을의 한 마리 양처럼 그렇게 살아보고 싶다는 상상의 나래를 잠시 펼쳐봤다.

여행을 시작할 때는 이렇게 캐리어를 끌고 다닐 줄 몰랐다. 그냥 가다가 마음에 드는 곳이 있으면 한달살이 하며 지내다 오자며 떠나왔다. 그런데 막상 와보니 생각이 바뀌었다. 세상에 안 가본 곳이 가본 곳보다 더 많은데 한곳에 주저앉아 지낼 수는 없다 싶어졌다. 그리고 이십 대 때 유레일패스로 한 달간 유럽 도시를 주마간산 격으로 훑던 그때 이후 처음으로 나온 자유여행이었다. 36년 만에 주어진 '나 홀로 자유여행'인데 이런 기회를 그냥 보낼 순 없었다. 이 자유를 자유에 걸맞게 제대로 쓰고 후회 없이 살다 가자로 생각이 바뀌었다.

Now or Never! 지금 아니면 영원히 없다!

그래서 이만 보도 거뜬히 걸을 수 있을 나이에 뚜벅이 여행하자로 굳혔다. 가다가 피곤하면 쉬어가고, 그 누구에게도 여행 일정을 간섭, 통제받지 않고 나 혼자 하니 혹여나 민폐를 끼칠까 봐 걱정할 필요 없는 것이 자유여행이다.

그동안 다음 행선지는 이삼일 전에 마음으로 정한 뒤 하루 전에 교통편과 숙소를 정했는데, 비엔나 한인민박에서는 마음이 더 여유로웠는지 떠나는 날 아침 먹기 전까지 어디로 갈지 못 정해 머뭇거리고 있었다. 그래서 '아, 나도 이제 여유가 생겼네' 하며 속으로 웃었다.

그러다 숙소 어플에 100유로 단기 할인이 뜨기에 대충 사진을 보고 바로 예약해버렸다. 보통은 숙소에 도착해서 결제하는데 선결제를 하고 나니 '혹시 이거 아닌 거 아냐?' 하며 살짝 의구심도 들었지만 '어떡해, 복불복이지!' 했다.

도착해서도 역시 출발처럼 매끄러웠다. 택시 어플로 숙소 앞까지 고고우! 사진상으로는 분명 아파트형 숙소였는데, 아파트 건물이 안 보였다. 그런데 예쁜 집 앞에서 '헬로우 킴' 하며 주인집 딸이 기다리고 있었다. 3층짜리 집의 1, 2층을 숙소로 사용하고 있었다. 2층 방문을 여니 와아~ 환호성이 터졌다.

지난번 부다페스트 숙소는 열쇠를 못 찾아 들어갈 때 생고생한 데다 시설 또한 안 좋았다. 세탁기는 있는데 세제가 없었다. 심지어 설거지용 세제도 없었다. 나중에 숙소 어플에서 그곳에 대한 평가를 보니 나처럼 열쇠를 못 찾아 고생한 사람들이 많았다. 그 숙소가 오버랩되면서 크로아티아 첫 숙소에서는 할렐루야를 외쳤다.

주인집 딸은 상세한 설명과 함께 안내를 해주었고 침실이 두 군데니 선택해서 쓰고 잘 지내라 인사하고 나갔다. 여행 경비 중 숙박비 부담이 젤 크다. 거의 50퍼센트를 차지한다. 1인용 방이 없어 2인실을 예약한 경우, 도착하면 다들 혼자 왔냐며 눈을 동그랗게 뜬다. 조식을 제공하는 호텔이나 아파트형 숙소는 요금은 비슷하거나 아파트형이 장소에 따라 더 비싸기도 한데, 장기간 여행을 해보니 아파트형 숙소가 더 편했다.

프라하 숙소처럼 조식을 빵 바구니로 갖다주는 경우 외엔, 시간 맞춰 옷 갈아입고 먹으러 나간다는 자체가 부담스럽다. 그리고 나는 맛집을 찾아가는 스타일도 아니고 내게 맞는 음식을 해먹으려니 주방이 필요했다. 샐러드를 2인분으로 만들어 비타민을 충분히 섭취하고, 훈제연어나 청어 등 조리된 생선으로 지방을 보충했다. 부족한 탄수화물은 파스타로 채우고, 단백질은 치즈와 말린 소시지나 베이컨으로 채웠다. 고기는 가끔 한 번씩 먹었다.

숙소에는 커피와 차가 종류대로 완비되어 있고 생리대까지 있었다. 주인의 배려와 준비가 마치 전생에 성의 집사였던 것처럼 완벽하다. 양말을 널려고 휴지로 창틀을 닦아보는데 먼지 한 톨 없었다. 단 며칠이라도 푹 쉬다 가자며 온 자그레브인데, 숙소가 그런 내 마음을 알아주는 것 같아 기뻤다. 이제 유럽 도시는 다 거기서 거기야로 여행 포만감에 젖어들 때 이렇게 또 숙소로 감동을 주니 입꼬리가 절로 올라갔다. 이런 식으로 여행은 늘 새로운 경험과 발견의 감동으로 이

▶ 거실과 방에 햇빛이 가득 들어왔다.

▶ 내게 맞는 식단으로 다양하게 해먹었다. 여행하면서 거의 하루도 안 빠진 체리토마토. 오른쪽 하단의 감자 들어간 요리는 크로아티아식인데 마트에서 사서 먹어봤는데 진짜 맛있었다.

어지니 여행의 즐거움도 계속되는구나 싶었다.

물론 다니다 보면 상황이 안 좋을 때도 생긴다. 그때는 배우는 시간으로 인정하고 받아들이면 된다. 택시 사기에다 늦은 밤 방 열쇠를 못 찾아 황망했고, 들어갔을 때 모든 게 한심했던 부다페스트 숙소에서는 칼에 손까지 베였다. 좀 깊이 베여 피가 뚝뚝 떨어지는데 돌아가신 친정어머니를 부르며 속으로 비명을 질렀다. 한두 시간 지혈을 하고 멈추긴 했지만 여행 떠나와서 처음으로 서러웠다. 그렇게 며칠을 머리도 못 감고 눈꼽만 떼고 다녔다.

비엔나에 와서야 제대로 된 한국 밴드를 얻어서 깔끔하게 하고 다녔다. 헝가리 밴드는 잘 붙지 않아 둘둘 감은 뒤 머리끈으로 두르고 다녔다. 최고가 한 두개가 아니겠지만 밴드 하나도 잘 붙게 만드는 나라, 이런 나라가 내 나라다. 그러니 코리아여 영원하라!

이틀 푹 쉬고 이틀은 좀 걷고

점점 무거워지는 가방

자그레브는 중세시대 가뭄 때 이곳을 지나가던 영주가 목마른 기사들을 위해 창을 꽂으며 물을 찾아내고 여기다, 파내라 'scoop up'해서 이런 이름이 붙었다고 한다. 1세기, 즉 로마 시절부터 도시로 형성되어 발칸반도 내륙의 요새로 기능했으나 이후 신대륙 발견으로 해안가 도시들인 두브로브니크, 스플리트, 자다르가 발전하면서 상대적으로 뒤처졌다.

자그레브 대성당의 이름은 성 스테판 성당이다. 나는 이 동네는 다 스테판 성당이냐며 웃었다. 비엔나의 137미터 탑이 있는 거대한 슈테판 성당도, 헝가리 최대 붉은 대리석 기둥이 화려했던 이슈트반 성당도 다 최초의 순교자인 스테파노 성인의 이름에서 온 것 같다. 그런데 자그레브 대성당에 갔더니 아쉽게도 2년 동안 수리 중이란다. 사람이나 건물이나 오래되면 당연히 보수를 하며 살아야 하니 어쩔 수 없다.

처음 여행 왔을 땐 건물 사진은 안 찍고 사람 사진, 풍경 사진만 남기려 했는데 아프리카, 아시아도 아닌 유럽에선 그들 문명의 근간인 성당을 안 볼 수도 비켜갈 수도 없었다. 유럽의 거의 모든 도시는 중

▶ 자그레브 스테판 성당
▶ 자그레브는 가스등을 유럽에서 가장 먼저 쓰기 시작했다는데 지금도 사용한다. 은은한 분위기와 옛 모습을 유지하고 있다.
▶ 성당 골목을 지나오면 보이는 돌락 시장. 내가 간 오후 시간은 파장 무렵이었다.

심에 성당이 있고, 궁전이나 박물관이 있고, 공원이 있다. 그리고 또 역사의 현장이 이뤄졌던 광장이 있다.

자그레브의 반 옐라치치 광장 또한 그런 광장 중 하나인데 신, 구 시가지를 이어주는 곳이다. 시계탑도 있어서 시민들에게 만남의 광장 같은 곳이기도 하다. 1990년대 크로아티아인들이 유고슬라비아 연방에서 독립을 추진할 당시 시민들이 대거 모였던 곳이기도 하다.

주인집 딸이 적극 추천한 돌락 시장에 가서 현지 옷과 체리를 샀다. 보통 장기 여행자들은 짐을 줄이기 위해 옷을 몇 벌 안 가지고 다니지만, 나는 여행지에서도 옷을 다양하게 갈아입는다. 출발할 때부터 옷을 많이 가져가는 것은 아니다. 현지에서 마음에 드는 저렴한 옷이 있으며 구입한다. 특히나 해당 여행지만의 독특한 분위기를 낼 수 있는 옷을 즐겨 산다. 이 또한 여행의 재미라고 생각한다.

그런데 문제는 짐이다. 예쁘다고 자꾸 사다 보면 가방이 점점 무거워진다. 그럴 때는 아깝게 생각하지 않고 여행지 사람들에게 주거나 철 지난 옷은 숙소에 기부하고 오는 식으로 짐을 줄였다.

돗자리까지 준비했건만

비엔나 왕궁공원에서 선탠하는 현지인들을 보며, 배낭 메고 뚜벅이하는 내가 마치 여행 노동자처럼 느껴져 좀 안쓰러웠다. 게다가 비엔나는 트램, 버스, 기차, 지하철에다 자전거를 즐기는 사람까지 더해 길이 너무 복잡하기도 했다.

마침 자그레브에 막시미르공원이라고 뉴욕 센트럴파크 넓이의 공원이 있다 해서 하루 정도 피크닉을 하며 걸어보기로 했다. 막시미르공원은 동남유럽 최초의 공원이라고 한다. 예전에 뉴욕에 한 달 머문 적이 있었는데 센트럴파크에 세 번을 가서야 겨우 다 돌았다. 그래서 준비를 단단히 했다. 혹시 걷다 기운 떨어질까봐 입구에서 샌드위치를 사 먹었다. 배낭에 물, 커피, 주스에 과일까지 넣으니 무게가 만만찮았다. 작은 돗자리도 준비했다. 이제껏 사용하지 않았던 셀카봉도 앞으로의 여행을 위해 연습하려고 가져가서 찍으며 걸었다.

▶ 사람들이 앉아 쉬고 있고 길도 잘 뻗어 있다.

▶ 18세기에 지어진 교회. 당시 주변 풍경을 상상해 보았다.

▶ 성마르코 성당. 왼편 문장은 통합되기 이전의 세 나라를 상징하고, 오른편 문장은 자그레브시를 상징한다.

▶ 성당 왼편에 총리 집무실과 정부청사가 있다.

▶ 성당 오른편에는 국회의사당이 있다.

그런데 숲속으로 들어가 호수를 찾아가려다 그만 길을 잃어버렸다. 지나다니는 사람도 없고 가끔 조깅하는 사람만 보여서 갑자기 무서워졌다. 구글 지도를 켜니 빙빙 돌아가서 동서남북을 모르겠고 몇 번 헤매다 어찌어찌해서 겨우 호수길로 나왔는데 긴장과 내 딴의 몸부림으로 땀이 삐질삐질 났다. 그래서 온종일 공원 걷기를 하려던 계획은 없던 일로 했다. 무거운 배낭에 지나친 준비도 과유불급임을 깨달았다.

공원에서 나와 다시 시내로 갔다. 레고처럼 생긴 예쁜 성 마르크 성당이 보였다. 동화 속 마을 같지만, 왼편에 정부청사가 있고 오른편엔 국회의사당이 있는 크로아티아 수도 자그레브의 중심지다.

마지막 날 남은 시간 동안 트램을 타고 이리저리 둘러보다 둥그렇게 생긴 커다란 건물이 보여 들어가 보았다. 전시회가 있어 물어보니 36세 이하의 젊은 예술가들의 작품이란다. 전시회 주제는 기생(parasitism)이다. 기생은 생명체뿐만 아니라 정치, 사회적 기생도 포함

▶ 돌의 문 안 성모마리아 그림 앞에서 기도하는 아저씨. 1731년 대화재 때 문은 불타도 그 안의 그림은 그대로 남았던 기적 같은 일로 많은 사람들이 이곳에 찾아와 기도한다. 5월 31일 대화재날이 자그레브 시의 날이기도 하다.

▶ 크로아티아 미술가협회 건물

하는 내용이라 한다. 예를 들어 사회적 기생은 한 종이 생존하고자 다른 종을 이용하는 것이다. 의미심장한 작품이었지만 젊은이들의 감성과 예지력으로 표현된 것이 내겐 좀 터프하게 여겨지는 면도 있었다.

나는 평균 한 도시에 5~6일간 머무르는데, 매번 도착해서 하루 이틀은 동네 분위기와 교통 노선을 익히고 푸근히 지내다 보면 어느새 다시 떠나야 할 시간이다. 여행 훈련 같기도 하지만 어차피 여행은 궁극적으로는 '밖의 것을 통해 나를 찾는 여정'이다. 해외여행은 다른 문화를 보면서 타산지석으로 결국은 우리 것을 돌아보게 한다. 그리고 무수한 타인이란 거울을 통해 나를 들여다보는 시간이기도 하다. 해서 모든 여행은 어쩌면 그 모든 길을 통해 결국 내게로 이르는 여정일지도 모른다.

이제 이곳 날씨도 본격 여름으로 접어드니 나도 발광(발관광) 모드에서 휴양 모드로 바꿔볼까도 싶다. 더 게을러지고 여유 부리기!

긴급 탈출의 순간

바다가 그리웠다. 두 달 전 이집트 다합에서 20일간 스노클링도 하고 홍해 바다를 실컷 보다가 그 이후는 바다를 못 봤다. 아홉 군데 도시를 옮겨 다녔는데 다 대도시라서 문명의 숲을 헤치며 돌아다녔다. 스플리트에 가면 바다를 다시 볼 수 있다 생각하니 벌써 가슴이 탁 트였다. 버스로 이동하면서 본 크로아티아 풍경은 너무나 아름다웠다. 목적지가 가까워지자 초록 사이로 언뜻 파란 바다가 보이기 시작했다. 오랜만에 보는 바다색에 다시 기분이 들떴다. 마치 카이로를 떠나 조지아에 입성할 때 한 달 만에 초록 풍경을 보니 비행기에서부터 흥분했던 것처럼.

▶ 숙소 앞에 바로 펼쳐지는 바다 색이 이쁘다. 고운 자갈 모래 해변

일부러 바다가 보이는 숙소를 예약했고 도착하자마자 밖에 나가 바다를 느껴보았다. 저녁 8시 30분인데도 아이들이 바다에서 놀고 있었다. 고운 자갈 모래에 물색이 아름다운 옥색 바다다. 사실 바다라기보다 잔잔해서 호수 같기도 한 아드리아 해안가 풍경이다.

매운탕 생각 나던 날

이튿날 산과 섬 투어를 예약했다. 큰 폭포로 유명한 컬카산은 길에 데크가 깔려 있어 걷기가 편했다. 어차피 여기 산은 뾰족하지 않고 바위는 있되 둥그스름하다. 중간중간에 만나는 폭포와 흘러내리는 물줄기가 보기에도 신선한 옥빛인데, 헤엄치며 다니는 크고 작은 물고기들이 많았다. 녀석들에겐 미안하지만 자꾸 보다 보니 매운탕 생각이 절로 났다.

그렇게 산을 보고 다시 유람선을 타고 스크라딘이란 조그만 항구 도시에 내렸다. 스크라딘에는 그리스 시대에 만들어진 요새가 있었다. 어디서나 높은 곳에서 뷰 보는 걸 좋아하는 나는 콜라와 먹을 것을 사 들고 올라가 중세 요새 같은 그곳에서 바다 풍경을 즐겼다.

숙소에 돌아오니 아직도 바다는 영업 중이었다. 물에 들어가니 온도가 딱 좋다. 홍해에 이어 아드리아해에 몸을 담궈 보다니…. 영국에서 대서양을 처음 봤을 때처럼 감동이 밀려왔다. 그래, 지구는 하나니 이렇게 바다로도 연결되는 거지 하며 수영은 못해도 물장구를 치며 놀았다.

스플리트 골목골목

스플리트는 로마 황제 디오클라티우스가 만든 도시라서 황제의

▶ 작은 폭포가 모여 큰 폭포로 흘러내린다. 다리 위에서 폭포를 감상하며 사진을 찍는 사람들

도시라고도 불린다. 기원전 그리스 시대에 건설되었다가 디오클라티우스가 황제 자리에서 물러난 305년에 이곳에 거대한 궁전을 지어 본격적인 도시로 발전했다. 그 후 여러 시대를 거치면서 궁전은 비잔틴양식, 고딕양식이 결합되어 화려한 모습으로 바뀌어갔다.

궁전의 옛 모습을 보존한 곳에 들어가봤다. 아직 6월 초인데도 바깥 날씨는 절절 끓는데 안은 마치 석빙고처럼 시원했다. 벽의 돌이 축축해서 만져보니 온도 차이인지 무슨 이유인지 물방울이 맺힌 게 보였다. 로마인들은 어떻게 그 시대에 이런 궁전과 길과 건물들을 지을 수 있었는지 감탄스러웠다.

나는 마차가 다니던 돌 자갈길을 걷는 걸 무척 즐긴다. 아스팔트나 보도블록이 아닌 대리석 길을 걸을 때 유난히 마음이 착 가라앉고 평온해진다. 특히 여기 스플리트의 궁전 내 골목길은 이천 년에 가까

▶ 가이드의 파란 우산만 따라 모두 졸졸. 스크라딘 항구. 크로아티아기가 꽂혀 있는 요새

운 세월 동안 사람들이 다녀서 그런지, 마치 기름칠을 한 것마냥 반질거리며 윤이 났다. 길만 보고 걸어도 신기하고 행복했다. 중세의 길을 걷는 기분은 아련하고도 묘했다.

궁전 안에는 독일 마켓인 스파(Spar)를 비롯해 여러 가게가 있고, 특히 입구 쪽에는 선물 가게들이 즐비했다. 그곳을 나오는데 성 도미니우스 성당 앞에 사람들이 많이 모여 있었다. 차려입은 모습으로 보아 결혼식이 있는 듯했다. 병사복을 입은 아저씨가 친절하게 사진 찍는 포즈를 취해주면서 곧 결혼식이 시작하니 보고 가라고 했다.

이곳 결혼식을 구경할 좋은 기회였다. 신부와 신랑, 하객들이 같이 음악에 맞춰 춤을 추며 노래를 하는데 거의 메들리로 10곡 넘게 연속해서 합창을 했다. 결혼식 축하는 당연히 저렇게 해야 하는데 요즘 우리나라는 너무 심심하게 봉투 전하고 밥 먹고 오는 식이 되어버린 게 안타깝다. 우리도 예전에는 동네잔치하며 떠들썩하게 결혼식을 했었다. 그런 잔치가 대부분 사라진 것이 아쉽다.

▶ 궁전 옆 해변가 풍경 ▶ 친절하게 포즈를 취해준 병사복 아저씨. 돈을 요구하지도 않았다.

▶ 도로가 반질반질하다. 미로처럼 골목이 좁으면서도 많다.

▶ 집들 너머로 성 돔니우스 대성당이 보인다.

▶ 세계 랭킹 맥주보다 더 맛있는 맥주 발견! 소고기 스틱을 찍어 먹는 소스가 비주얼도 맛도 쌈장 같은데 전혀 짜지 않아 물어보니 파프리카를 많이 갈아 넣었다 한다.

▶ 여행자들이 크로아티아 문양 옷이나 모자를 사서 입고 다닌다.

시퍼런 물색이 공포감을 자극하다

아드리아 해안에 위치한 천 개가 넘는 섬들이 대부분 크로아티아에 속해 있으니 크로아티아에는 항구가 많다. 오늘은 섬 투어를 하러 나갔다. 버스 타고 리바항 선착장에 도착하니 예약을 하고도 밀려 배를 못 탈 지경으로 만원이었다. 배의 선두에는 이미 수영복 차림에 선탠하려는 젊은이들로 꽉 찼다.

내 옆자리에는 30대 영국 커플이 앉았다. 영국인은 동석하기 제일 좋은 나라 사람일지도 모른다. 젠틀하고 선을 넘는 일 없이 차분하다. 가끔 브리티시 유머를 던져 쑥스러움과 긴장을 풀어주기도 한다. 어쩌다 남미 사람들을 만나면 과잉 친절과 때론 호들갑스런 화법에 피곤할 수 있다. I love Korea 하며 수다 떨기 시작하면 맞춰줘야 한다.

다들 바다에 뛰어들어 수영을 하기에 나도 스노클링을 했다. 숙소 앞 바닷가에서도 몇 번 스노클링을 즐겼는데, 이번엔 해안가까지 거리가 있다 보니 물이 깊어 겁이 났다. 수영을 잘하는 승객들은 배 위에서 다이빙으로 뛰어드는데 나는 조심조심 계단을 타고 내려가 입수를 했다.

돌아올 때도 긴장이 안 될 수가 없었다. 배가 정박한 곳까지 헤엄쳐 와서 배로 올라와야 하는데, 돌아오라는 호각 소리에 백 명이 넘는 사람들이 한꺼번에 계단 주위로 몰려드니 마치 재난 영화의 긴급 탈출 장면 같았다. 나는 혹시나 스노클링 마스크 줄이 느슨해져 물이 들어오면 어쩌나 하는 두려움에 나도 모르게 새치기를 하고 있었다. 발밑의 시퍼런 물색이 순간 나의 공포감을 자극한 것이다.

아! 정말 수영은 배워야 한다. 수영에 대한 두려움이 물에 대한 공포심으로 계속 따라 다녔다. 미끌거리는 계단 난간을 잡고 겨우 올라온 뒤에도 어지럽고 무서움이 가시지 않았다.

배 위에 자리를 잡은 후 어느 정도 진정이 되자 두 번째 섬에 도착했고 배가 고팠다. 아침, 점심 준다 해서 커피만 마시고 왔는데 아침은 겨우 달랑 빵 한 개였다. 점심에 생선을 선택해서 화이트와인을 한잔 주문했다. 혼자서 4인 자리를 차지하기가 부담스러워 주변을 두리번거리는데 한 독일인 부부가 이리로 오라고 손짓을 했다. 작은 개 두 마리를 데리고 여행하는 부부인데 몇 마디 나눠본 사이라고 반겨주니 혼자인 나는 고마웠다.

시장이 반찬인지 정말 맛있게 먹는데, 그분들이 와인을 가져다 마셨다. 와인이 공짜냐고 물으니 배 안의 음료는 다 공짜란다. 그래서 사람들이 배를 타자마자 와인과 맥주를 많이 마셨구나 싶었다. 나는 어차피 빈속이라 알았어도 안 마셨겠지만, 몰랐다는 사실에 괜히 억울해졌다. 투어 안내문에 다 적혀 있었는데 성질 급하고 대충인 내가 아침, 점심 준다까지만 보고 그럼 됐고~ 하며 나머진 안 읽은 거였다. 이런 경우엔 나 혼자 여행이 아니라 동행이 있어서 나 대신 좀 꼼꼼히 살펴주면 좋으련만 싶었다. 나 혼자 북 치고 장구 치며 하는 여행엔 이런 식의 크고 작은 실수로 인한 손해가 있을 수밖에 없다.

암튼 공짜니 두 잔 더 마시며 이런저런 얘기를 나누다 독일 아저씨가 갑자기 동양인은 나이를 가늠할 수가 없다고 말했다. 그래서 아저씨는 몇 살이냐 물었더니 나랑 동갑이었다. 나이를 중시하는 한국문화에선 갑장 친구라 한다니 좋아하며, 부인은 10년 연상으로 내년이면 70이란다. 전혀 그렇게 안 보이는 당당함과 자신감이 있는 분이었다.

▶ 바다 쪽에서 바라본 리바항 풍경과 다른 두 섬 풍경

아저씨가 아내와 사별하고 나서 재혼한 부부인데, 사별한 아내와 지금 부인이랑 친구여서 셋이 20년 지기라 했다. 그러니 인연이란 게 묘하다. 한 문이 닫히면 언제나 다른 문이 열리는 게 인생이다. 이런 얘기를 주고받다 아주머니는 돈이 무슨 필요인가, 죽을 때 돈 안 가져간다 해서 나도 맞는 말이라며 서로 손바닥으로 하이파이브를 했다. 이런저런 얘길 하다보니 점심시간이 후딱 지나갔다.

겉에 걸치는 옷은 달라도 사람 사는 게 다 비슷하듯, 피상적 문화만 다르지 속 알맹이인 사람 본질은 다 같다는 걸 길 위에서 확인한다. 정말 지구는 둥글고 우리는 하나요 'We Are the World~'다.

이런 감사할 데가요!

두브로브니크는 아드리아해의 진주라 불리는 크로아티아의 대표 명소다. 스플리트에서 4시간 거리지만 가다가 여권 심사를 위해 두 번이나 멈췄다. 같은 크로아티아인데 예상치 못한 일이었다.

나라와 나라 사이도 그냥 통과하는 유럽에서 웬일이지 했는데, 알고 보니 두브로브니크는 월경지(다른 나라로 둘러쌓인 지역)였다. 그러니까 두브로브니크는 보스니아와 다른 지역을 사이에 두고 크로아티아 본토와 단절되어 있다. 크로아티아 지도 자체가 재밌게 기역자 반대모양으로 꺾여 있는데 두브로브니크는 그 끄트머리에 붙어 있다.

인구 4만이 안 되는 소도시지만 이탈리아 전신인 베네치아 공화국의 주요 거점 도시로, 13세기부터는 지중해 세계의 중심이었다. 결국 10세기부터 베네치아 사람들이 쌓아놓은 성벽 덕분에 지금도 먹고사는 도시가 된 셈이다. 성벽을 둘러싼 중세풍 구시가지는 유네스코 세계유산으로 지정되어 지금도 많은 관광객들을 불러모으고 있다.

이동 날의 트라우마가 되살아나다

이동하는 날은 아무래도 여러모로 긴장을 한다. 한동안은 도착지에서 숙소까지 이동하는 데 문제없이 순조로웠는데, 두브로브니크에서 택시가 내려준 곳은 숙소 바로 앞이 아니었다. 기사 왈, 구글맵이 지정하는 곳까지란다. 아래를 가리키며 계단을 타고 내려가라는데 캐리어를 두고 내려가보니 사나운 개가 짖고 난리다. 숙소에 연락하니 기사가 도로를 잘못 들어서 그런데 멀지는 않다고 했다.

다시 이동 날의 트라우마가 되살아났다. 햇빛은 찬란한데 선글라스도 큰 가방 안에 들어 있고…. 당황해 벌써 땀이 났다! 그렇게 망연자실 잠시 서 있는데, 한 아주머니가 쓰레기를 버리러 나왔기에 길을 잃었다며 도와달라니 영어가 가능한 딸을 불러 주었다. 딸이 숙소 주인이랑 통화하더니 자기 차로 태워 주겠다 했다. I don't know how to thank you! 이런 감사할 데가요!

딸은 자기네도 숙박 호스트를 하는데 이 작은 도시에서 서로 돕고 살아야 하지 않겠냐며 염려 말라고 시종 미소를 띠었다. 그렇게 이름 모를 천사 같은 딸의 도움으로 숙소에 도착하니 주인아주머니가 길 앞에 나와 있었다. 주인아주머니는 현지 택시 기사면 누구나 알 구시가지 도로 이름을 요즘 뜨내기 기사들 때문에 그런 일이 발생한다며 기사 욕을 했다. 도로에서 골목 제일 안쪽 집이라 올라가는 계단이 있기에 내가 '아~ 계단' 하니 이건 여기서 계단도 아니란다.

나중에 무슨 말인지 알았다. 두브로브니크는 바다 쪽으로 툭 튀어나온 성벽이 있는 구시가지가 요새 역할을 하고 나머지 집들은 다 우리나라 부산처럼 다닥다닥 산 위쪽으로 붙어서 아드리아해를 바라보고 있다. 그래서 위에서 내려다보는 경관은 멋지나 하나같이 계단에서 계단으로 연결된 주택가다.

집에 들어가니 사진으로 보았던 예쁜 정원과 의자가 있고, 원룸식 숙소가 아니라 아파트형 숙소라 놀랐다. 침실이 있고 복도를 지나 부

▶ 두브로브니크 성벽 맞은편 요새
▶ 성벽 아래에서 카누를 타는 사람들
▶ 주택가 계단 위에서 바라본 구시가지와 아드리아해

엌이 있고 또 복도를 지나 거실이 있고 욕실과 침실은 반 바퀴 떨어져 있는 유럽식 옛날 구조다. 어쩌랴 장점이 곧 단점인데 하면서 암튼 숙소도 다양하게 체험한다 싶었다.

주인아주머니는 테라스로 시원한 레모네이드를 한 잔 내와서 숙소 사용법에 대해 자세히 설명을 해주었다. 이름이 반야(Vanja)라기에 반야는 불교식 용어로는 최고의 지혜, 깨달음을 말한다 하니 이제껏 한국 손님들이 많이 왔다갔는데 그런 말을 해준 사람은 처음이라며 좋아했다. 내가 머무르는 이틀 동안 비 예보라 반야와 얼른 얘기를 마치고 시내를 둘러보러 나갔다.

나는 대개 사전 정보를 알고 어떤 장소를 찾아가는 게 아니고, 그냥 휘리릭 둘러보며 도시를 피부로 감으로 먼저 느껴본다. 나중에 특정 장소를 보고 나서 궁금한 건 더 찾아보며 채워가는 식이다. 시간이

▶ 바다로 오는 적을 막으려고 이렇게 툭 튀어나온 부분이 구시가지다.
▶ 둥근 분수대의 한쪽 면. 사자인 줄 알았는데 황소 모양이란다.
▶ 스트라둔 메인 거리. 항구 쪽까지 거의 300미터가량 펼쳐져 있다.

촉박하고 바쁘고 게으른 이유도 있지만, 굳이 내가 가는 곳에 대해 미리 다 알고가서 확인하는 듯한 여행을 하고 싶지 않다. 마치 아무도 밟지 않은 눈밭을 나 혼자 바라보며 내가 가장 먼저 밟아보는 듯한 그런 신기하고 생경한 기분을 잃지 않고 싶기 때문이다. 여행지에 대한 지나친 정보로 인한 선입감은 그런 신기함을 훼손할 수도 있다.

대충 9천 보 걷기를 달성하고 바다를 보니 생선이 먹고 싶어 두브로브니크의 메인 거리인 스트라둔 골목에서 생선 모듬요리를 시켰다. 생선 스테이크, 새우, 홍합에다 오징어 튀김만 먹고 빵은 손도 안 댔는데 못 일어날 정도로 배가 불렀다. 슬슬 걸어서 다시 큰 길로 걸어나와 걷다 오노프리오 분수에서 콸콸 나오는 물을 보니 생선 먹고 손을 안 씻은 게 생각나 손을 씻으면서, 물이 항시 나오는 분수를 만든 그 옛날 사람들이 고마우면서도 정말 대단하구나 생각했다.

▶ 성벽을 돌고 저 둥근 꼭대기까지 가 보는 거다.
▶ 맨 위로 가려면 탑 안의 계단을 올라가야 한다
▶ 성벽 꼭대기 탑에 있는 작은 문에서 내려다보는 풍경

거리를 두고 보면 잘 보이는 것들

두브로브니크 성벽 둘레를 다 걸으려면 한두 시간은 걸린다기에 아침을 든든히 먹고 나섰다. 거리엔 어느새 사람들로 북적인다. 나를 숙소로 데려다 준 고마운 아가씨가 7월 전 사람들이 몰리기 전에 오길 참 잘했다는데, 6월 초순인 지금도 벌써 인파로 가득하다.

성벽길이 좁아 비켜가기 힘든데 사람들은 다행히 알아서 한방향으로 잘 걸어갔다. 나도 흐름을 따라 걸으면서 아드리아해 바다와 주황색 지붕들을 곁눈질하며 사진을 연신 찍어 댔다. 계단이 있어 성벽의 높낮이가 다르고, 또 굽어 도니 방향이 바뀌면서 풍경도 달라져 자꾸 찍게 되었다.

스플리트 궁전이 평면적이면서도 중세풍으로 아름다웠다면, 두브로브니크는 구시가지 메인 도로인 스트라둔 거리에서 오른편 바다

▶ 성 안으로 들어가는 문

▶ <꽃보다 누나>라는 프로그램이 방영된 후 유명해졌다는 부자카페(Buza cafe)

쪽은 평평한 골목이요, 성벽 위로 왼편 산등성이 쪽은 모두 계단식 골목에 자리 잡은 주택가라서 보다 입체적이었다.

우리의 사고는 평면적인가, 입체적인가, 아니면 여기서 더 나아가 다차원적인가? 2차원 평면에 높이를 더하면 3차원인 입체가 되고 거기에다 시간을 더하면 4차원이 된다. 그래서 역사적 통찰과 통시적 고찰이 가능한 사람은 같은 것을 봐도 시각과 관점이 다르다. 사고가 단편적이지 않고 통합적이어서 포용적 사고를 한다.

여행은 공간 이동이지만, 익숙하던 일상의 풍경을 떠나옴으로써 지나간 시간들을 고요히 통찰해볼 수 있으므로 시간 이동이기도 하다. 떠나지 않았을 때는 근시안적이어서 잘 보이지 않던 것이 떠나와서 거리를 두고 보면 잘 보이기도 한다. 마치 눈앞의 건물이 한눈에 다 안 들어오다 높은 곳에서 보면 건물의 위치, 주변이 한꺼번에 다 보이는 것처럼 말이다.

▶ 성벽 탑 꼭대기에서 바라본 두브로브니크 전경

인생도 그렇다. 거시적으론 세월이 지나면 보이듯이 시간 거리를 두고 볼 수도 있다. 그러나 더 좋은 것은 시선을 내 안으로 향하는 것이다. 자기 자신을 알면 알수록 밖에서 펼쳐지는 모든 것, 인생 다반사들이 더 이해가 잘된다. 명상이나 자기 침묵을 통해서 고요함 가운데 자신을 만나면 마치 흙탕물이 가라앉듯 맑아져서 두루 이해가 수월해진다. 인간관계, 건강, 일 무엇이든 자신만큼 자신을 아는 사람도 없을 것이고, 스스로 깨닫는 만큼 좋은 일도 없다.

여행을 하면서 엄청난 규모와 외양의 성당과 교회들을 보지만 결국 예수님은 '천국은 네 안에 있다'라고 말씀하셨다. 천국이란 장소가 아니라 신과 합일한 영혼의 상태, 그런 마음을 말함이리라. 기독교식으론 우리 안에 임한 성령이시고, 불교적으론 불성이며 힌두교론 아트만, 참나 내면의 신성이니 곧 내면의 신이다.

좋은 음식 먹고 편안한 집에 사는 것이 중요할 수도 있지만 대부분 몸을 위한 것이고, 몸이 중요한 것은 우리 영혼의 집이기 때문이다. 더 중요하고 본질적인 것은 쓰다 버리고 갈 몸이 아니라 우리 영혼이다. 눈에 보이는 물질계에만 가치를 두지 말고, 그런 마음의 중심과 영혼을 귀히 여기며 살아가는 세상이 아름답다고 생각한다.

첫 도착지였던 이집트 다합에서부터 두브로브니크까지 오는 동안 나쁜 사람은 택시 사기꾼 둘과 부다페스트에서 내 말을 씹은 주인, 이렇게 세 사람 정도였다. 반면 좋은 사람은 적어도 삼사십 명 이상 만난 것 같다. 삶이 때론 팍팍하더라도 세상에는 좋은 사람들이 훨씬 더 많으니 살 만한 곳이다. 이래저래 이집트에서 시작한 여행을 동유럽, 동남유럽을 거치면서 절반은 한 것 같다. 내일은 또 내일의 태양이 뜨고 여정은 계속되리니!

PART 3

추억의 프랑스, 이베리아반도

툴루즈 … 포르투 … 브라가 … 신트라

리스본 … 바다호스 … 세비야 … 바르셀로나

프랑스 툴루즈에서 이십 대를 소환하다

여행을 마칠 즈음에나 들를까 했던 곳에 예상보다 빨리 왔다. 두브로브니크에서 검색하던 중 3분의 1 가격에 나온 비행기표가 있어 바로 예약해버렸다. 툴루즈는 이십 대 절반 5년을 살았던 곳이다. 내 인생에서 다섯 손가락 안에 드는 기억에 남는 장소이기도 하다.

1980년대 중반은 해외여행이 자유롭지 않은 때였고, 유학생들은 반공연수를 받아야 했다. 그래서 그때는 동유럽 여행은 금지되었다. 우리나라 비행기가 소련 상공을 못 지나니 알래스카를 경유해서 21시간이나 걸려 파리에 도착하던 시절이었다.

1990년 7월에 떠나온 이후 30년이 훌쩍 지났으니 다시 가면 어떤 기분일지 오기 전부터 설레었다. 나의 이십 대를 소환하는 장소지만, 그냥 덤덤히 변하지 않은 도시로 보게 될까, 아님 그 시절을 회억(回憶)하는 장면들이 새록새록 떠오를까 등등.

툴루즈에 처음 도착하니, 3년간 살았던 기숙사가 가장 먼저 생각났다. 도시 전반적인 건물과 풍경은 변함이 없는데 없던 지하철이 생겨서 어리둥절하기도 했다. 살던 곳에 갔지만 동서남북 감이 전혀 안 와 그냥 강 방향을 따라 뙤약볕에 한참을 걸어가니 나뭇잎 사이로 녹색 철교가 조그맣게 보였다. 그 순간 나도 모르게 눈물이 찔끔 났다.

▶ 가장 기억에 남았던 철교
▶ 새 대학 건물 천장 곡선 창으로 보이는 하늘이 멋졌다.
▶ 아는 것의 공짜? 의미심장한 표현이다. 프랑스는 유치원부터 대학원까지 거의 무상교육이다.
▶ 각국의 언어로 적혀 있는 건 각국 학생들을 배려한 아이디어인 듯하다.

강 건너편 마켓에서 바게트 빵을 사서 뜯어 먹으며 오가던 다리다. 버스 시간 맞추려 큰 귀고리를 덜렁대며 뛰어가던 길, 공부가 힘들 땐 혼자 의기소침해 걸어오던 길. 강변 나무들이 그때처럼 물그림자 그늘을 드리우고 있었다. 내가 살던 한국 동네와 달리 일 년 내내 마르지 않는 강을 보는 것 자체가 당시 내게 정신적 풍요로움을 주었다.

기숙사 지역에 들어서니 나무들이 여전했다. 건물도 발코니와 도색만 좀 다르고 그냥 그대로다. 그것만으로도 반가웠다. 내가 살던 꼭대기 4층 베란다에 마침 머리만 보이는 누군가 앉아 있는 모습이 보였다. 기숙사 식당이랑 다니엘 포쉐 기숙사 앞의 간판, 이곳에서 검은 반바지 차림으로 찍었던 이십 대의 풋풋한 사진이 떠올랐다.

산책 때 가끔 왔던 기숙사 뒤편 숲 역시 바뀌어 있었다. 그때는 울창한 야생숲과 개울물이 있었고 공장 건물 같은 것이 있던 장소였는데, 강산이 세 번 바뀐 지금은 길도 번듯하게 닦아놓고 전쟁 시 사용

▶ 윌슨 광장 분수대
▶ 미테랑은 프랑스 제5공화국 역사상 사회당이 배출한 최초의 대통령이자 역대 프랑스 대통령 중 최장기간 재임한 대통령이다. 나는 그의 재임 시절 중반, 온갖 복지 혜택을 누리며 프랑스에 있었다.
▶ 붉은 테라코타 벽돌 도시 툴루즈

했던 공장 건물에 대한 역사 소개 사진도 있고, 시계탑도 생겼다.

잃어버린 시간을 찾아서

마르셀 프루스트의 소설 제목처럼 '잃어버린 시간을 찾아서' 잊을 수 없는 익숙했던 장소를 찾아가 보았다. 플라스 윌슨(Place Wilson) 광장이다. 시내에 오면 항상 앉아 쉬던 곳이다. 지금은 회전목마까지 생겨 호젓한 분위기는 아예 없고 왁자지껄하다. 구석에서 음악 연습하는 사람들, 잔디밭에 누워 자는 노숙자, 벤치에 앉은 노부부, 아기 엄마들, 젊은이들. 여행자보다는 툴루쟁, 툴루젠느들이 많은데 앉을 자리도 없다. 비둘기도 자리가 없어 동상 머리 위로 어깨 위로 올라갔나 하면서 웃었다.

카피톨 광장 주변에도 지하철역이 생기고 큰 나무들이 심겨 있었다. 샤를르 드골 광장 분수 주위에서 물놀이하는 아이들의 신나는

▶ Hotel Dieu. 호텔이 아니라 저택형 큰 건물을 의미한다. 12세기에 지어져 계속적 증축과 보완으로 유네스코 문화유산으로 지정되었다. 지금은 대개 관공서나 콘서트장으로 사용된다.

▶ 퐁네프 다리. 물이 빨리 통과하도록 낸 구멍 앞에 빨간 아이 동상이 세워져 있다. 그 아래 계단은 물살을 가르기 위해 만든 것이다.

▶ 변함 없는 가론느강 풍경은 고즈넉하다. 강폭이 꽤 넓다.

모습이 활기차게 다가왔다. 카피톨 광장에서도 예상치 못한 풍경이 펼쳐졌다. 임시 경기장을 만들어놓고 축구 경기를 하고, 주변에서는 맥주를 마시며 소리 지르고 난리다. 놀라서 이거 자주 하는 거냐고 물으니 축제 행사 일환으로 며칠간 하는 거라 한다.

그곳에 간 1986년 이후로 36년이 흘렀으나 유럽이고 프랑스니 안 변했겠지 하는 나의 상상과 다르다. 그래도 안 변한 건 역시나 유유히 흐르는 가론느강과 오래된 건물이다. 툴루즈는 붉은 벽돌 건물이 유난히 많은 도시다.

다시 동선을 따라 퐁네프로 가 보았다. 퐁네프는 파리에 있는 것으로 생각하기 쉬운데, 'Pont Neuf'는 고유명사가 아니라 'New Bridge', 즉 새 다리란 뜻이니 프랑스 도시 여러 곳에서 만날 수 있다.

▶ 고딕 양식의 생 에티엔느 성당. 성당 안이 무척 시원해서 이곳에서 자는 사람도 있었다.
▶ 파이프오르간 ▶ 성당 안의 잔 다르크를 모신 곳
▶ 생 세르닌 성당은 로마네스크 양식으로는 유럽 최대 규모다. 11세기에 스페인의 산티아고로 가는 순례자들을 위해 만들어졌다.
▶ 저 멀리 조그만 생 세르넨 성당을 향하여

살기 좋은 도시

툴루즈는 파리, 마르세유, 리옹 다음으로 프랑스에서 네 번째로 큰 도시다. 마르세유는 항구 도시고 리옹은 공업 도시다. 반면 남서 프랑스에 위치한 툴루즈는 건물의 독특한 붉은색으로 이전부터 '장미의 도시'라 불렸다.

그리고 대학 도시다. 1229년 설립된 툴루즈 대학은 아주 오래된 유럽 대학 중 하나이다. 전체 인구가 45만 명인데 그중 학생이 14만

명이니 학생 천국이라 해도 좋을 젊은 도시다. 또한 우주공학 같은 첨단 학문이 발달했고 에어버스 같은 유럽의 항공기 제조사도 있다. 프랑스적인 것을 체험하고 싶다면 툴루즈에 가봐도 좋을 것 같다. 프랑스 작은 도시나 마을도 예쁘지만, 파리를 이미 가 본 분들에겐 툴루즈가 음식과 문화 등 두루 체험하기에 괜찮은 곳이다.

이십 대 때는 잘 몰랐는데 나이 들어 다시 와 보니 이곳이 참 살기 좋은 도시란 생각이 든다.

첫째, 인구가 사오십만 명으로 적당하다. 개인적으로 인구 백만이 넘는 대도시는 대부분 공기가 안 좋아서 여행은 해도 살고 싶진 않다.

둘째, 공원이 많고 강변은 물론, 시내 곳곳에도 쉴 곳이 많다.

셋째, 도시 전체가 중세풍의 아늑함과 안정감을 주는 데다 젊은 인구가 많아 활기차다.

역시나 대혁명의 나라답군

30년 전 도심에 있던 툴루즈 대학이 포화 상태가 되자 인문학부를 따로 분리해 '르 미라이(le mirail) 대학'이라 불렀다. 지금은 툴루즈 장 조레스(Toulouse Jean Jaures) 대학으로 이름이 바뀌었다.

장 조레스는 프랑스의 사회주의자이자 사회당 활동가였고, 진보적 인문주의자였다. 그는 1차 세계대전의 발발을 막기 위해 유럽 각국 정부들을 설득했는데, 특히 독일과 프랑스의 화해를 위해 노력했다. 또한 전쟁을 막고자 양국 노동자와 사회주의자들의 단결을 호소했으나 반대파에게 암살당하고 말았다. 이런 사람의 이름을 따서 대학교와 지하철역 이름으로 부르니 역시 대혁명의 나라 프랑스답다.

매일이 인생 최고의 날

아침에 BTS의 'Yet To Come(The Most Beautiful Moment)'을 들으며 '그래, 나의 가장 아름다운 인생의 시간은 아직 오지 않았어'라는 생각을 했다. 나뿐 아니라 우리 모두에게도 그렇다. 지나간 시절이 아무리 신선하고 광휘로웠다 해도 다가올 시간에 비하면 아니다. 왜냐면 나뭇잎이 매일 더 반짝이며 자라듯 우리 인생도 그러하기 때문이다. 육신의 노화를 정신의 몰락으로 여겨서는 안 된다. 과일이 익어가기 위해선 오직 안으로 에너지를 더 모아야 한다. 인생도 잘 익은 과일로 남으려면 젊음의 상징인 무성하던 나뭇가지 같은 건 절로 떨어지게 내버려둬야 하고 남은 시간 동안 내실을 더 기해야 한다.

내실을 기하려면 미뤄뒀던 내가 하고 싶은 일을 지금 하면 된다. 여행이 아니었다면 나는 캘리그래피와 내가 하고 싶었던 것을 집중적으로 더 배웠을 것이다. 내 평생 하고 싶은 말을 쓰고, 좋아하는 명구들을 내 마음 가는 대로 아름답게 실컷 써 보고 싶었다.

악기든 운동이든 취미생활이든 이전부터 하고 싶어 했고 지금도 원하는 것이 있다면 바로 실행하는 것이 맞다 본다. 그렇게 하다 보면 매일 날마다가 우리 인생 최고의 날이 되지 않을까. 어차피 사람은 순간을 사는 존재이니 말이다.

푸른 아줄레주의 도시 포르투

툴루즈에서 나의 이십 대를 소환하며 여유 있게 푹 쉰 다음, 비행기를 타고 대서양을 바라보는 서유럽의 끝자락 이베리아 반도에 위치한 포르투갈 제2의 도시 포르투에 왔다.

포르투갈이라는 국가명은 '포르투(항구, port)'에서 비롯되었다. 이곳을 통해 대항해시대가 열렸다. 콜럼버스가 신대륙을 발견하고, 바스코다가마가 아프리카 연안 항로를 개척하면서 포르투갈은 대서양을 누비고 아프리카를 넘어 인도와 아메리카까지 바다의 제국을 이뤘다. 지금은 인구 천만에 불과하고 경제력도 유럽에서 하위권이지만 한때 엄청난 위상을 떨쳤던 나라다. 물가가 저렴하고(프랑스 절반도 안 된다), 유럽인으로 안 보일 정도로 사람들이 순박해 보인다. 특히 포르투는 세계평화지수 상위권에 들 정도로 안전하면서도 살기 좋은 도시다.

이제부터 한동안 지인과 둘이서 여행하게 되었다. 포르투갈을 둘러보고 스페인으로 가 바르셀로나에서 출발하는 크루즈 여행을 함께하기로 되어 있었기 때문이다. 한국을 떠나올 때 유일하게 정해진 계획이었다. 내 경우 혼자 여행할 때의 가장 큰 문제는 외로움이나 두려움이 아니라 방문이나 열쇠를 계속 확인해야 하는 강박이었다.

약간의 폐소공포증이 있어 혹여 안에서 문이 잠겨 못 나가면 어쩌나 하는 상상도 했다. 유럽은 아직 열쇠를 많이 쓰는데, 오래된 건물의 두꺼운 문짝은 열쇠를 잘못 돌리면 열고 닫기가 쉽지 않다. 함께 여행할 동행이 생겼으니 이런 것들에 대한 부담이 줄어들고 마음이 느긋해졌다.

포르투 이곳저곳

《해리포터》의 작가 조앤 롤링이 영감을 받았다는 오래된 렐루서점에 갔다. 그녀가 포르투에서 2년간 영어교사를 할 때 자주 들렀던 서점인데, 중앙에서 2층으로 올라가는 나선형의 붉은색 계단이 인상적이다. 이곳은 조앤 롤링 이전에도 유명 작가들의 명소였다.

서점을 보고 나와 왕의 이름을 딴 '동 루이스 다리'를 건넜다. 부다페스트에서 인상 깊게 봤던 세체니 다리와 비슷한 느낌이다. 에펠탑을 건축한 에펠의 제자가 설계해서 19세기 말에 완공한 철교다. 긴

▶ 조앤 롤링에게 영감을 준 빨간 계단, 빨간 계단 위의 빨간 옷 여인이 인상적이다.
▶ 동 루이스 다리. 1, 2층으로 되어 있다.
▶ 세하두필라르 수도원이 보이는 모후공원

다리를 지나면 건너편 높은 곳에 세하두필라르 수도원이 있다. 이곳에서 뷰도 즐기고 모후공원을 지나 케이블카를 타고 내려와 리비에라 거리에서 해물요리로 늦은 점심을 먹었다. 이곳은 해산물이 풍부해 커다란 문어 한 마리가 만 원할 정도로 가격이 싸다.

식당 옆에 포르투 와인 시음장이 보여 들러 보았다. 다섯 가지를 시음했는데 다 너무 달았다. 포르투 와인의 특징이다. 영불전쟁으로 영국이 프랑스 와인을 수입하지 못하자 포르투갈에 와인 생산을 시켰다. 그런데 포르투갈의 와인 제조 실력이 떨어져, 만들기는 했으나 영국으로 보내던 중 상해 버려, 해결책으로 와인에 브랜디를 섞어 보낸 게 달달한 포르투 와인의 유래가 되었다고 한다. 이런저런 역사를 알고 보면 퍼즐 맞추기처럼 여행이 흥미롭고 재밌다.

볼사 궁전과 포르투 박물관

포르투 시내 역사지구는 유네스코 세계문화유산으로 지정되어 있어 볼거리가 많다. 그중 가장 유명한 볼사 궁전을 보러 갔다.

1910년 공화국이 되자 포르투갈 마지막 왕은 영국에 망명했고, 이후 궁전은 주로 상업조합 건물로 쓰이다 증권거래소, 상공회의소 등으로도 사용되었다. 현재는 포르투를 방문하는 각국 수장을 맞이하는 장소로 쓰이고, 각종 단체의 문화 행사장으로도 대여된다.

궁전 로비 천장이 유리 돔 형태였고, 그 아래에는 포르투갈과 거래했던 각국의 문장이 그려져 있었다. 상업조합 건물로 쓰였던 흔적일까 싶었다. 멋진 계단을 올라가면 2층에 상업조합 위원장들의 초상화가 걸려 있는 방과 조합장 선출장으로 쓰던 방 등이 있다. 브라질에서 가져온 나무로 만든, 못 하나 안 박고 짜맞춘 바닥도 인상적

▶ 궁전 로비의 유리 돔 천장과 각국 문장 ▶ 섬세하고 정교한 바닥 타일 ▶ 화려한 아랍 홀

이었다. 샹들리에 중 어떤 것은 무게가 1톤이라는데 그리 무거운 것이 어찌 천장에 잘 매달려 있나 싶었다. 볼사 궁전의 하이라이트는 아랍 홀이었다. 아랍 특유의 섬세하고 화려한 금색 장식이 독보적이라 한 시절 잘나갔던 이곳의 부를 과시하기에 충분했다.

궁전 관람 시간을 기다리다 잠시 들른 포르투 박물관에는 도시 역사, 의료와 교육 시설에 대한 것들이 전시되어 있었는데, 포르투갈의 부유한 상인과 재력가들의 기부로 이뤄졌음을 알 수 있었다. 유럽의 가장 큰 미덕 중 하나인 노블리스 오블리제의 역사를 보는 듯했다.

포르투갈의 대표 문양 아줄레주

포르투의 랜드마크이기도 한 상투벤역은 세계에서 가장 아름다운 역 중 하나다. 16세기 화재로 폐허가 된 수도원을 1900년경 당대 최고 건축가와 화가가 아름다운 역으로 꾸몄다. 포르투갈의 역사적 사건을 그려넣은 푸른색 아줄레주(azulejos, 포르투갈의 독특한 타일 장식)

가 인상적이었다. 이 작업에 무려 11년이 걸렸고 2만 장의 타일이 들어갔다 한다.

포르투 대성당 역시 아줄레주 문양이 독보적이었다. 12세기에 바로크 양식으로 지어져 20세기에 개조된 이곳은 포르투 성당들 중 가장 크고 아름다웠다. 정원을 장식하는 크고 멋진 돌기둥과 아줄레주의 조화가 특색 있었다. 그리고 여행지 어디에나 길거리 버스킹하는 이들이 있지만, 대성당을 보고 나온 광장에서 클래식기타를 연주하던 뮤지션과 그 아름다운 선율이 기억에 남는다.

▶ 상투벤역과 역 내부의 아름다운 아줄레주 벽화

▶ 포르투 대성당. 성당 내 벽면도 온통 아줄레주로 장식되어 있다.

장엄하고 아름다운 종교 도시 브라가

포르투 시내에서 50분 거리의 브라가로 갔다. 브라가는 로마시대부터 중요한 거점 도시였고, 지금도 관광과 IT업 등으로 유명하다. 그리고 70개의 성당이 있는 종교 도시이기도 하다. 그중에서도 특히 아름다운 성당 두 곳을 방문했다.

봉 제수스 두 몬테와 사메이로 성소

'산의 선한 예수'라는 뜻을 지닌 '봉 제수스 두 몬테(Bom Jesus do Monte)'는 브라가시 외곽 산 위에 있는 가톨릭 성소다. 116미터나 되는 바로크 양식의 계단을 오르면 14개의 작은 예배소를 만나는데, 그 안에 그리스도의 골고다 오르는 수난 과정을 묘사한 테라코타 조각상이 있다. 그래서 계단을 오르는 과정 자체가 마치 순례길을 오르는 기분이었다. 예배당이 처음 생긴 것은 14세기이고 그 후 계속 재건되어 18세기에 현재의 모습으로 완성되었다니 놀라웠다. 신앙 혹은 종교의 힘으로, 그리고 18세기 해상왕국 시절의 재력으로 이렇게 오랫동안 계속 증축해오지 않았나 싶다.

예배당에서 나와 점심을 먹었다. 만두 모양으로 생긴 크로켓과 대구를 전처럼 구워서 상추 사이에 끼워 넣은 햄버거같이 생긴 것을 먹

▶ 선한 예수 성당 앞
▶ 선한 예수 성당 계단의 마지막 샘
▶ 성당 안 제단 뒤에 십자가에 못 박힌 예수와 예수 처형과 관련된 8명의 조각상이 있다.

었는데, 가운데 치즈도 들어가 있어서 고소하고 맛있었다.

식사 후 사메이로 성모 성소에 갔다. 이곳은 성모가 나타난 곳이라고도 하는데, 작은 성모당 같은 곳도 있고 성모와 예수가 꼭대기에 있는 엄청 높은 탑이 두 개 있다. 사메이로 성소는 파티마 성당 다음으로 포르투갈에서 큰 마리아 성당이라 한다.

포르투 전경은 클레리구스 교회 탑에서

다시 포르투로 돌아와서 포르투 관광을 좀 한 다음, 클레리구스 교회에 갔다. 교회 탑에 오르려면 티켓을 예약해야 한다. 교회 내부는 그리 크지 않은데 교회 탑에서 시내 전경을 다 내려다볼 수 있어 사람들이 줄을 서서 올라간다.

그런데 올라가는 계단이 너무 협소해 사람이 비키기도 어려울 정도이고 때론 완전 밀폐감을 느낄 정도여서 나는 힘들었다. 이집트 피

▶ 사메이로 성소에서 성모님의 은총이 느껴졌다. ▶ 사메이로 성소 예수 탑
▶ 클레리구스 교회 탑 내부 ▶ 교회 탑 위에서 내려다본 포르투항
▶ 포즈 해변 풍경

라미드 내부에 들어가던 생각이 다시 나면서 불안해졌다. 꼭대기 전망대에 올라가니 시원하고 강 풍경과 빨간 지붕들이 예뻤지만 좁은 통로 걱정에 얼른 빨리 내려가고 싶었다.

서유럽의 끝자락에서 바라본 대서양

포르투가 항구인데도 도오루 강만 보고 아직 바다를 못 봐서 답답함이 느껴져 바닷가로 가보기로 했다. 이층버스 500번을 타고 포즈(Foz) 해안가로 갔다. 버스비 2유로로 관광할 수 있는 가성비 좋은 방법이다. 파도가 치는 바다를 보니 가슴이 트이고 해변가에 자유로이 선탠하고 바닷물에 잠기는 사람들을 보니 나도 바다에 뛰어들고 싶었다. 서유럽의 끝자락 포르투에서 대서양을 바라보는 나, 행복하다며 속으로 되뇌었다.

저녁에 다시 리비에라 강변으로 돌아와서 새우, 문어, 참치 요리를 먹었다. 이제 포르투를 생각하면 포르투갈의 전통 도자기 타일 장식인 아줄레주와 맛난 에그 타르트, 문어 요리, 그리고 이 바다의 한 자락을 기억할 것 같다.

▶ 참치 스테이크와 새우, 문어 요리. 보양식이었다.
▶ 바칼라우 대구 요리와 사르딘 정어리 구이. 소박한 외양이나 재료 본연의 맛이 있는 게 포르투갈 요리 특징인 것 같다.

딸랑거리는 트램 타고 리스본 한 바퀴

포르투갈의 수도 리스본은 포르투갈어로는 리스보아(Lisboa)라 부른다. 언덕이 많아 멋진 풍경을 즐길 수 있고 길거리 곳곳마다 음악이 들려오는 낭만적인 항구 도시다. 언덕이 있는 고지대와 테주강과 바다가 만나는 해안 쪽 저지대로 이뤄졌는데, 저지대를 포함한 중심 도로의 대부분은 1755년의 대지진 후 재개발되어 정비되었다고 한다.

나는 숙소를 정할 때는 실내 못지않게 조망을 중시한다. 리스본의 7개 언덕 중 제일 높은 언덕 꼭대기에 위치한 숙소였는데 도착하자마자 내려다보니 뷰가 정말 아름다웠다.

트램의 도시

여행자들의 출퇴근 버스 같은 28번 노란 트램은 동유럽의 구불구불한 트램에 비하면 장난감처럼 앙증맞다. 트램의 옛날 방식 창문 또한 나 같은 아날로그 여행자들의 레트로적 감성에 어필한다.

통조림 안의 정어리처럼 사람들로 가득 찬 트램은 내게 그 옛날 책가방에 도시락까지 둘러메고 올랐던 등교길 버스를 연상시켰다. 트램 안만 꽉 끼인 게 아니라, 구불구불한 구도심의 좁은 도로를 오르는 동안 아찔할 정도로 딱 붙은 대문과 가게 문들 사이를 용케 지

▶ 장난감 같은 트램 ▶ 샐러드를 먹으려다 너무 푸짐해져버린 식사 ▶ 천년의 요새 상 조르제 성

나가는 통로도 마찬가지다. 트램이 지나가면 사람들은 벽에 완전 딱 붙어서 걷거나 아니면 트램이 지나가기를 기다리며 서 있기도 한다.

성당 이름이 대성당?

숙소에서 아침을 먹으며 건너편 언덕 위 숲과 성벽을 보고 '저건 뭐지?' 했던 곳에 가 봤다. 로마인, 고트족, 무어인*을 거쳐 포르투갈 최초의 왕이 된 엔리크가 점령한 상 조르제 성이었다. 천년의 요새로 세월을 품고 든든하게 우뚝 서 있다.

그리고 대성당은 특이하게 다른 이름이 없이 그냥 대성당(Saint Cathedral)이다. 1150년 엔리크왕이 지었으며 1775년 리스본을 폐허

무어인 | 스페인식 발음으로는 '모로인'이다. 이베리아 반도를 500~600년간 지배했던 과거 아랍인을 말한다. 그 결과 세비야, 그라나다를 포함한 안달루시아 지방은 무슬림 문화에 많은 영향을 받았다. 무어인은 안달루시아에 대학을 설립하고 장학제도를 마련했고, 의학과 약학, 철학, 수학에 있어서도 지대한 영향을 끼쳤다. 그라나다의 알함브라 궁전, 세비야의 대성당, 알카사르 등 주요 건축물 또한 그들의 문화유산이다.

▶ 가운데 12사도 장미창이 새겨져 있는 대성당 ▶ 대성당의 웅장한 회랑

로 만든 대지진에도 살아남았다. 암반이 워낙 튼튼한 고지대에 있다 하나 견고함이 대단하다. 리스본에서 가장 오래된 건물이고 중세 요새처럼 각진 종탑과 예수의 12사도가 그려진 장미창이 상징적이다.

마누엘 양식의 걸작

언덕 위 숙소에서 딸랑거리는 트램을 타고 내려가서 해안가 코메르시우 광장에서 21세기형 일반 트램으로 갈아타고 서쪽 끝의 벨렝 지구로 갔다. 그곳에 벨렝탑이 있고, 그 북동쪽에 제로니무스 수도원이 있다. 제로니무스 수도원은 포르투갈 예술의 백미로 여겨지고 마누엘 양식의 걸작으로 꼽힌다. 마누엘 1세는 고딕·르네상스·이슬람 양식을 혼합하여 포르투갈의 독특한 건축양식을 만들었는데, 이를 후세 사람들이 마누엘 양식이라고 부른다.

16세기 중반에 건축되었고 바스코다가마를 비롯한 탐험가들이 잠들어 있는 안식처이기도 하다. 일단 건물의 화려함에 놀라고 성당이랑 연결된 긴 회랑을 걸으며 오히려 회의가 들기도 한다. 도대체 이

▶ 제로니무스 수도원 내부 마당과 분수 ▶ 화려한 천장과 십자가 위의 예수 상이 대조적이다.
▶ 벨렝탑은 16세기 마누엘 1세에 의해 건축되었다.

모든 부와 재력으로 건물을 짓는 거 외에 달리 더 좋은 용도가 없었을까. 건축 비용은 동양에서 수입해 오는 특정한 향료에 매긴 세금의 5퍼센트로 충당되었다 하는데 도대체 후추를 포함한 향료가 얼마나 비쌌기에….

수도원 근처에 벨렝탑이 있는데, 16세기 중반에 바스코다가마의 업적을 기리기 위해 강변에 세워진 커다란 탑이다. 그 부근에 항해가였던 엔리크 왕자 탄생 500주년을 기념해 세워진 '발견의 탑'도 있다.

포르투갈의 눈부신 역사를 만나는 해양박물관

포르투갈에 와서 내가 가장 관심과 흥미를 느낀 해양박물관에서 대항해시대 주역이었던 포르투갈의 활약상을 볼 수 있었다.

포르투갈은 노예무역을 최초로 시작한 나라고, 후추전쟁이라고도 부르는 제국주의 무역쟁탈전의 선두주자였다. 겨울이 오기 전 사료 값을 줄이려고 가축을 도축해 염장을 하려면 누린내를 없애는 후추가 필요했는데, 후추 산지인 동남아, 인도에서 베네치아 등 중간

▶ 해양박물관이 마치 수도원처럼 생겼다. ▶ 박물관 가는 길에 만나는 컬러풀한 거리

상인들을 거치면서 가격이 천정부지로 치솟아 후추쟁탈전이 벌어졌다. 포르투갈은 배에 대포를 싣고 다니면서 항구 도시를 점령해갔고, 인도와 아프리카를 식민지로 만들었다.

당시 두 해상왕국이었던 스페인과 포르투갈의 사이가 나빠지자 교황이 사이좋게 동서로 나눠 가지라고 해서 포르투갈은 브라질과 동남아, 스페인은 나머지 지역을 차지했다. 그들에게 당한 나라 입장에서 보면 참으로 어이없는, 교황과 제국주의 나라들의 땅따먹기 시절 이야기다.

하지만 넓은 영토를 관리할 인구도 능력도 없는 작은 나라 포르투갈은 이후 네덜란드, 영국, 프랑스에 밀리게 되었다. 어쨌든 모험심 강했던 포르투갈의 활약으로 바닷길이 열리고, 신대륙 발견으로 남미의 감자, 토마토 등을 유럽에 가져와서 식생활에 기여하기도 했다.

산봉우리를 따라 아름답게 자리잡은 신트라

신트라는 리스본에서 30킬로미터 떨어진 근교 도시다. 무어성, 포르투갈 왕실의 여름 궁전 등 다양한 문화재가 많아 여행객들이 즐겨 찾는 곳이라 해서 기차를 타고 가 봤다. 도시 전체가 유네스코 세계문화유산으로 지정되어 있다.

알록달록 매력적인 페나성

원래 수도원이었던 곳인데 경매에 나온 폐허가 된 수도원을 독일인이 사들여 1840년 과감한 설계로 산꼭대기 거석 위에 온갖 건축 양식을 혼합하여 색깔도 알록달록하면서 매력적인 궁전을 지었다. 얼핏 보면 놀이동산 같기도 하다. 까마득한 바위산 절벽 위에 지어졌다는 게 놀라웠다. 완공된 후 건물은 주로 왕실 가족의 여름 별궁으로 쓰였다는데 그 시절의 방이나 살롱들을 직접 보니 흥미로웠다. 실내 장식에 사용된 조각, 그림, 타일들이 잘 보존되어 있다. 특히 주방의 모습이 주방기구들까지 그대로 재현되어 있어 재밌게 관람했다.

정원과 주변 경관이 꽤 아름다웠고 버스에서 내려 올라가는 길이 마치 수목원을 산책하듯 공기도 맑고 좋았지만, 옷을 얇게 입고 간 탓에 산꼭대기에서 갑자기 추워진 날씨에 힘들었다. 그래서 페나성

▶ 빨간 성과 노란 성, 동화에 등장할 것 같은 페나성
▶ 아줄레주와 이슬람 복합 양식으로 지어졌다.
▶ 신트라 궁전의 화려한 천장. 가운데가 왕의 문장이라 '문장의 방'이라 불린다.
▶ 일명 까치방. 순결을 상징하는 까치 수가 하녀들 수만큼 그려져 있다. 하녀와 키스하다 왕비에게 들키자 한 귀퉁이에 왕비를 상징하는 장미를 그려 어찌 까치와 비교하겠느냐며 달랬다 한다.

건너편에 보이는 무어인성은 보는 것만으로 만족하고 직접 걸어 올라가 보려는 계획은 포기했다.

아줄레주가 인상적인 신트라 궁전

신트라 궁전은 12세기에 포르투갈이 무어인에게서 탈환해 새롭게 지은 것으로, 15세기부터 20세기 초까지 왕실 여름 별장으로 사용되었다. 오래된 가구나 장식 등도 보존이 잘되어 있어 작은 박물관을 보는 듯했다. 그리고 파란 벽돌의 아줄레주 방이 화려했다.

수세기 동안 여러 차례에 걸쳐 확장과 보수가 이루어졌기 때문에 여러 양식이 혼합된 이국적인 모습이다. 특히 마누엘 1세는 1497년부터 대항해시대 해외 교역으로 거두어들인 막대한 부로 건물을 증설하고 화려한 장식들을 추가했다.

우물 속에 왜 계단이?

19세기 말 커피와 보석 등을 수출해서 큰 부자가 된 브라질의 백만장자가 헤갈레이라 자작 부인의 땅을 사들여 이탈리아 건축가에게 맡겨 1910년에 완공한 저택이다. 그 뒤 여러 차례 주인이 바뀌었으나 1997년 신트라 시에서 인수하면서 대중들에게 공개되었다.

이국적이고 환상적인 경관과 각종 양식이 혼합된 마누엘 양식의 5층 건축물로 이뤄져 있다. 작은 예배당도 있고, 자연 속 인공 구조물인 '입회 우물(initiatic well)'이 눈길을 끌었다. 나선형 계단을 돌아 내려가 우물 바닥에 도착하면 동굴과 연결된 통로가 있고 밖으로 나가면 연못이 나타난다. 장미십자회 등 비밀결사조직의 입회식이 이루어진 곳이라는 얘기가 있다.

마감이 임박해서 시간에 쫓기기도 했지만 전체적으로 좀 인공적으로 느껴졌고, 너무 다양한 양식의 혼합도 현란해 보였다. 거대한 정원인 자연 속에 있으니 아름다워 보이는 게 아닐까 싶었다.

▶ 헤갈레이라 별장

▶ 지하 9층이나 되는 깊은 우물이다.

플라멩코의 도시 세비야

바다호스에서 춤을 추다

스페인 바다호스(Badajoz)에 왔다. 어차피 리스본에서 세비야까지는 멀어 중간에 잠시 쉬어가려고 내린 곳이다. 이곳은 리스본에서 세 시간 반, 포르투갈과 국경을 접한 작은 도시인데 느낌이 너무 다르다. 여기 사람들은 포루투갈인들보다 키도 크고 외모도 도시적 세련미가 돋보인다. 특히 할머니들이 멋쟁이다. 기본 색깔 맞춤으로 스타일리시하게 입고 나와 외출을 즐긴다.

내 폰 유심이 또 말썽이어서 보다폰 매장을 찾으러 가면서 길을 묻는데 매번 하나같이 친절하게 웃으며 가르쳐 준다. 대신 영어를 알아들어도 답은 스페인어로 한다. 사실 실용성을 떠나 언어 자체의 아름다움을 비교하면 영어는 한 수 아래일 수도 있다. 어느 왕이 스페인어는 새가 지저귀는 소리로 들리고, 독일어는 개, 돼지가 짖는 소리로 들린다고 표현했다.

여기 와서 삶의 질을 생각해보았다. 오후 5시쯤인데 사람들은 싱싱한 생선과 조개 요리를 시켜 한잔씩 하고 있고, 강변으로 나가니 음악 크게 틀어놓고 나 또래의 사람들이 서서 마시며 춤추며 웃고 야단들이다. 춤을 추는 게 아니라 마시며 춤추고 마시다 흥이 나면 잠

▶ 건물 벽이 특이한 알타 광장 ▶ 악단 아저씨들이 너무 신나게 연주해서 나도 함께 춤을 췄다.

깐씩 음악에 맞춰 춤을 추니 더 멋져 보였다. 그렇게 인생을 여유롭게 즐길 줄 아는 사람들에게서 배워간다. 이제는 인생을 여유 있게 즐길 때라는 것, 그것이 나의 생에 대한 존엄이란 것을. 할머니들이 예쁜 나라가 존중받는 나라다. 그리고 웃고 마시며 서로 껴안는 나라가 행복한 나라다.

밤 열두 시쯤 잠시 나와 함께 여행하는 언니가 갑자기 들리는 폭죽 소리에 놀라 잠이 깼다고 한다. 강변 근처 숙소인데 가까운 곳에서 불꽃놀이가 있었다. 가톨릭 성 요한 축제일이라는데, 그래도 그렇지 스페인 사람들은 자정에 그런 행사를 하다니. 한번 잠들면 죽음인 나는 세상모르고 잤다. 나더러 잘 잔다고 여행 체질이란다. 사실 나는 음식 가리지 않고 잘 먹고 버스든 어디든 졸리면 바로 잠든다. 그런 식으로 피로를 푸니 여행 체질이 맞는 것 같다.

다음날 시내 강변 산책을 하고 올드타운 쪽으로 걸어가는데 축제 퍼레이드를 만나 구경도 하면서 같이 춤추며 어울려 봤다. 삶은 언제 어디서든 우리 마음에 따라 빛날 수도 있다는 걸 느낀다. 그들의 행복한 웃음에 내 웃음도 보태 보며.

영어에 프랑스어까지 보태 소리를 지르다

세비야는 스페인 남쪽에 있는 안달루시아 지방의 주도다. 서쪽으로는 포르투갈과 맞닿고, 남쪽으로 지중해 지브롤터 해협과 만난다. 북서 아프리카 모로코에서는 배로 40분이면 닿는 거리다.

세비야 하면 가장 먼저 떠오른 것은 로시니의 오페라 〈세비야의 이발사〉였다. 마치 셰익스피어의 〈베니스의 상인〉처럼 세비야라는 지명이 친숙했다. 그런데 세비야는 비제의 오페라 〈카르멘〉의 배경이어서 더 유명세를 타기 시작했다고 한다. 오페라의 여주인공 카르멘은 세비야의 담배공장에서 일했는데, 지금의 세비야 대학이 당시 카르멘이 일하던 담배공장 건물이었다. 아르메니아 수도 예레반의 오페라 하우스에서 〈카르멘〉을 보고, 그 집시 여인이 일하던 담배공장을 이곳 세비야에서 보게 될 줄이야.

세비야로 오는 버스를 타고 오던 중 갑자기 화장실이 가고 싶어 혼났다. 원래 이동하는 날은 잘 안 먹는 편인데, 전날 묵었던 바다호스 호텔 조식에 내가 너무 좋아하는 치즈와 마른 소시지가 나와 먹은 게 문제였다. 유럽의 플릭스버스는 중간에 겨우 한 번 짧게 정차하는데, 갑자기 배가 살살 아프니 풍경은 눈에 안 들어오고 오직 버스가 언제 서나 한 생각뿐이었다.

다행히 별일 없이 호텔에 잘 도착했지만, 그동안은 잘되던 이른 체크인이 안 되었다. 짐만 맡겨두고 근처에서 점심으로 파에야(빠엘라)를 먹고 왔지만 아직도 방이 준비가 안 되었단다. 감기몸살이 난 언니는 로비 소파에 누워버렸고, 나 역시 목감기에 걸려 피곤이 몰려왔다.

체크인 시간이 한 시간이나 지났는데도 방 준비가 안 되었다니!

다시 재촉하니 직원이 어디론가 전화를 걸었다. 체크인은 호텔에서 하지만 내가 묵을 곳은 호텔 옆 건물에 있는 아파트형 숙소라 주인이 따로 있었다. 그냥 빨리 준비할게, 미안하다 하면 될 것을 주인인 듯한 여자의 카랑카랑한 목소리가 전화기 너머로 10여 분간 계속되었다.

짜증이 치밀어올라 주인에게 내야 할 화를 직원에게 퍼부었다.

"지금 상황이 말이 되느냐? 이게 가능한 일이냐? 내 친구가 지금 휴식이 필요한 거 안 보이냐! 늦었으면 청소나 빨리 할 것이지, 웬 전화질을 그렇게 오래 하냐!"

눈으론 레이저를 발사하면서 영어, 프랑스어를 마구 섞어서 소리를 지르며 쏘아붙였다. 그랬더니 호텔 직원이 'Sorry'를 연발하며 제발 15분만 더 기다려달라고 했다. 프랑스어를 사용한 건 내가 영어뿐만 아니라 프랑스어까지 구사하는 사람이니 만만하게 보지 말라는 경고였다. 나는 평소 쿨하고 긍정적인 성격이지만 한번 뿔으면 뿔는 스타일이다. 스페인어를 제대로 못 알아들어도 꼬레아노(한국인) 둘이 왔는데 어쩌구 하는 말을 듣곤 가만 있을 수 없었다. 그리고 우리를 방치해둔 채 오랫동안 전화통을 붙들고 있는 것 자체가 괘씸했다.

강렬한 플라멩코의 매력 속으로

잠시 뒤 숙소에 들어가자마자 둘 다 뻗어버렸다. 그런데 갑자기 아래층에 어수선한 소리가 들려왔다. 호텔 직원이 가방을 들어다주면서 숙소 건물이 플라멩코 공연장인데 투숙객은 공짜로 관람할 수 있다고 했던 말이 떠올랐다.

좀 더 쉰 다음 기분 전환도 할 겸 내려가보니 삼사십 명의 관객들이 이미 자리를 잡고 있었다. 한국에서 본 것 말고, 진짜 플라멩코 공연은 처음이었다. 생각보다 강렬했다. 특히 박수로 박자를 맞추며 무용수와 호흡을 맞춘 노래와 시선, 동선 등이 기타 반주와 함께 혼연일체를 이루니 몰입이 안 될 수가 없다. 그런데 멜로디는 아무리 들어도 아랍풍이고 강렬한 춤사위는 누가 뭐래도 집시풍이다. 이것이야말로 각 문화의 다양성이 절묘하게 조화를 이룬 원융(圓融)과 통섭의 결과가 아니겠는가. 그러니 세계적인 사랑을 받는 것 같다. 이곳에서 머무는 동안 날마다 두 차례의 공연을 공짜로 보게 되었으니 이것만으로도 세비야는 다 본 걸로 끝이다 싶어졌다.

숙소 근처에 플라멩코 박물관이 있어 걸어가 봤다. 눈길을 끄는 화려한 플라멩코 의상, 장신구, 부채, 숄 등을 전시한 가게들이 즐비해서 윈도우 쇼핑만으로도 즐거웠다. 오랫동안 내 기억 속의 스페인은 세비야 - 플라멩코 - 카르멘으로 자동 연결될 듯하다.

어디선가 들려오는 플랑멩코 댄서의 구두 소리

스페인에 들어와서 내 바이오리듬은 슬로우 다운이다. 여유가 늘어져 게으름이 되려 한다. 물론 마음은 그 어느 때보다도 바운스 바운스인데, 몸 컨디션과 맞물려 움직임은 거의 늘어진 엿가락이다.

스페인 광장은 1929년 박람회를 위해 만들어졌는데 고딕양식의 반원형 건물로 둘레에 배를 타는 작은 수로와 아치형 다리도 있어 특이하다. 우리나라에서는 연기자 김태희가 광고를 찍으며 플라멩코를 춘 곳이어서 더 유명해졌다. 나도 스페인 광장으로 가 댄서처럼 사진 촬영을 해보았다. 광장 사방에서 들려오는 기타 소리, 노랫소리에 젖어 도시를 오가는 마차들의 말굽 소리도 이제 내 귀에는 플라멩

▶ 스페인 광장 분수가 시원하다.
▶ 어찌 그리 요란한 소리가 나는지 궁금해 신발 밑창을 확인해봤다.
▶ 부채, 숄 등 소품들의 색채가 화려하다.
▶ 플라멩코 박물관 내부 엘리베이터도 빨간색이다.
▶ 플라멩코 의상을 입고 살짝 어색한 표정으로 사진 촬영을 했다.

코 댄서의 강렬한 또각 구두 소리로 들린다.

모르고 보는 충격의 여파

숙소 근처 식료품점에나 가볼까 하고 어슬렁어슬렁 나갔는데, 숙소 앞 성당이 길쭉하니 특이하게 생겼다. 성당 문에 새겨진 마리아상과 여러 조각들도 남다르다. 유럽 도시들은 다들 가운데 광장, 성당, 궁전, 박물관이 모여 있는 패턴으로 구성되어 있다. 그동안 열 군데

가 넘는 도시를 돌아서 이제 더 이상 흥미로울 것도 없었다. 그런데 이 성당은 유별났다. 숙소로 돌아와 검색을 해보니 유럽에서 몇 번째로 크고 고딕양식으로 유명한 세비야 대성당이었다! 그러니 유별나지 않을 수 없었던 거다.

이처럼 모르고 보면 충격의 여파가 더해져 더 기억에 남는다. 인생도 여행도 그렇다. 그래서 나는 여행한다. 직접 보고 체험해보지 않은 것은 내 것이 아니라 머리에 넣은 지식일 뿐이다. 그렇게 사는 것은 지금껏만으로도 충분했다. 이제는 가슴으로 느끼고 체험해 진정 내 것이 되는 것만 가지며 살다 가려 한다.

다음날 세비야 대성당을 정식으로 보러 갔다. 이곳도 이스탄불 아야 소피아 성당처럼 모스크로 지어진 것을 레콩키스타(Reconquista)* 후 탈환해서 증축한 것이다. 고딕양식으로 지어진 성당은 길이가 무려 126미터이고, 모스크의 미나레트(minaret, 기도 시간을 알리는 아잔이 울려퍼지는 첨탑)였던 히랄다 탑은 100미터 이상의 높이를 자랑한다. 76미터 너비의 넓은 모스크였던 성당 내부에 제단을 쌓고 구획을 나누어 성물과 성화, 조각들로 장식했다. 금은으로 화려하게 장식된 탓인지 군데군데 쇠창살로 가려져 있어 좀 답답해 보였다. 세비야에서 대항해를 떠났던 콜럼버스의 무덤이 이 성당 안에 있다.

세비야 대성당 증축은 레콩키스타 이후 스페인의 주요 무역소로 부상한 세비야의 부를 과시하기 위한 목적도 있었다. 1401년 7월, 도

레콩키스타 | 이베리아 반도 대부분을 점령한 이슬람 교도들로부터 중세 스페인과 포르투갈의 그리스도교 국가들이 벌인 영토 회복 재정복 운동이다. 718년 시작되었고, 13세기 중엽에 이르러 이베리아 반도의 대부분이 그리스도교 국가의 통치 아래 들어갔고 1492년 그라나다를 함락시킴으로써 이슬람 세력을 이베리아반도에서 완전히 몰아냈다.

▶ 히랄다 탑 위에서 내려다본 세비야 풍광

▶ 세비야 대성당 북문 입구
▶ 세비야 대성당 안의 화려한 내부
▶ 히랄다 탑 안의 종

시의 지도자들은 이슬람의 상징인 모스크가 기독교 도시 가운데 버티고 있는 것은 옳지 못하다고 보고, 도시의 영광을 상징할 성당으로 다시 짓기로 결정했다. "완성된 대성당을 본 사람들이 우리를 미쳤다고 생각할 정도로 만듭시다"라며 공사를 시작해 무려 백 년 동안이나 지었다. 당시 성직자들의 봉급을 절반으로 줄이고, 스테인드글라스

▶ 알카사르 궁전 입구 ▶ 알카사르 궁전 실내 연못 ▶ 왕의 발코니와 돔 천장

장인, 석공, 조각가들도 재능 기부를 하니 기부가 줄을 이었다고 한다. 지금으로부터 600년 전에 이런 어마어마한 규모와 화려함을 갖춘 성당을 만들었다는 것 자체가 믿기지 않을 정도였다.

술탄의 궁전

알카사르 역시 10세기경 만들어진 이슬람 술탄의 궁전이었지만 이슬람 세력을 몰아낸 이후 14세기부터는 스페인 궁전으로 사용되었다. 천정과 벽, 기둥에 섬세하고 기하학적인 문양과 장식이 새겨져 있다. 대사의 방(Salon de Embassadeurs)에는 왕의 발코니와 돔식 천장이 있어 가장 화려했다. 사막의 나라 이슬람식으로 방 안에도 샘이 있고, 물을 귀히 여기는 그들이 만든 정원의 샘들도 아름다웠다.

바르셀로나는 1882년부터 공사 중

바르셀로나는 축구 팬들에겐 축구의 도시고, 관광객에겐 가우디의 도시다. 하지만 내겐 역사가 복잡한 커다란 도시로 기억된다. 1980년대에 방문했는데, 당시에는 간판이 스페인어와 카탈루냐어 두 언어로 되어 있었다. 스페인 내전 후 프랑코 독재가 시작되면서 바르셀로나에서는 40년간 카탈루냐어는 금지된 언어였다.

이미 와본 곳이라 썩 내키지는 않았으나 다음 일정상 어쩔 수 없었다. 그래도 이왕 왔으니 찬찬히 살펴보기로 마음먹고 하루이틀 걸어보니 20대 땐 안 보이던 것들이 눈에 들어오기 시작했다.

26세 가우디가 지은 집

바르셀로나에서 가우디의 첫 건축물인 까사 비센스(Casa Vicens)를 제일 먼저 찾아보았다. 이곳은 1878년, 가우디가 26세 때 처음으로 참여한 건축 프로젝트로, 중산층이 많이 거주하던 지역에 지어진 저택이다. 타일 제조업자였던 주인의 의뢰를 받아 지은 집답게 초록색, 흰색, 노란색 등 형형색색의 타일을 활용한 기하학적이고 감각적인 외관이 특징이다. 당시 정원에 있던 금잔화에서 모티프를 얻어 노란색 꽃 모양 타일을 외벽에 활용했다. 야자수에서 모티프를 얻은 외

▶ 가우디 최초 건축물 까사 비센스. 이미 그의 특징이 보인다.
▶ 안에서는 밖이 잘 보이나 밖에서는 내부가 안 보이는 격자창으로 프라이버시를 고려했다.
▶ 나뭇잎 모양 철문

부 철책도 아름답다. 가우디는 19세기 말 카탈루냐 고전주의 건축에서 벗어나 나무, 하늘, 식물, 곤충 등 자연을 건축에 접목했다. 그 결과 그의 건축물에는 곡선이 많이 사용되었다.

환상적인 동화 나라

구엘 공원에서는 지중해와 바르셀로나 시내가 한눈에 보인다. 그리고 단지 공원이라기엔 아쉬울 정도로 동화 속에나 나올 법한 건물에다 돌로 만든 오밀조밀한 숲길이 환상적이다.

원래 가우디의 후원자인 구엘 백작의 의뢰로 이상적인 전원 도시를 목적으로 설계되었는데, 바르셀로나 시의회가 이 땅을 사들여 공원으로 탈바꿈시켰다. 스페인이 낳은 천재 건축가 가우디의 작품을 일반 시민들과 여행자들이 누릴 수 있게 되었으니 잘된 일이다.

▶ 지중해와 바르셀로나 시내가 내려다보이는 언덕배기에 자리잡은 구엘 공원
▶ 돌로 만든 기둥이 놀랍다.
▶ 마치 동화 속에 등장하는 집 같은 구엘 공원 입구에 있는 두 건물

아직도 공사 중인 사그라다 파밀리아

몇 장 안 남은 사그라다 파밀리아 티켓을 하루 전날 겨우 예매했다. 다음날 구글 지도를 켜고 한참을 걸어가는데, 갑자기 떡 하니 나타난 성당의 모습이 너무나 감동이었다. 티켓을 못 구해 들어가지 못하고 밖에서 보는 사람도 많았다. 한국어 오디오로 상세한 설명을 들으니 더욱 좋았다. 탄생 파사드 쪽부터 조각품 하나하나를 설명해준다. 성당 내부에 들어가니 아름다운 스테인드글라스 창을 통해 밝은 빛이 들어왔다. 이 모든 것을 미리 계산하고 설계한 가우디의 통찰과 혜안이 진정 대가답다. 성당 내부를 받치는 기둥들과 위로 뻗은 나뭇가지 모양이 숲에 들어온 듯한 느낌을 주었다.

'사그라다'는 '성스러운'이라는 뜻이고 '파밀리아'는 '가족'을 뜻하므로 사그라다 파밀리아는 우리말로 '성가족성당'이다. 성 요셉, 마리아, 예수, 그리고 마리아의 부모, 사촌 엘리자베스와 성 세례자 요한 등 성가족들이 조각되어 있다. 가우디는 이곳을 만들며 건축과 장식의 조형미와 아름다움, 기능과 형태, 외부와 내부 사이의 완벽한 조화를 추구했다. 바르셀로나에 소재한 가우디의 여섯 개의 다른 건물과 함께 사그라다 파밀리아는 유네스코 세계유산으로 선정되었다. 2010년 11월 교황 베네딕토 16세는 이곳을 방문해 대성당(Cathedral)에서 대성전 바실리카(Basilica)로 승격시켰다.

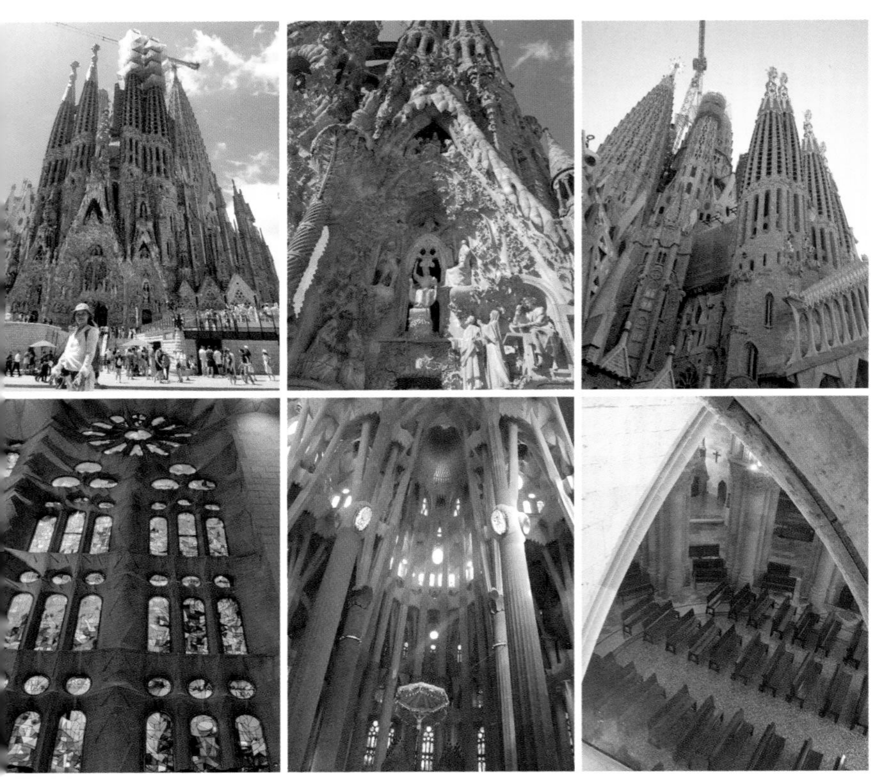

▶ 사그라다 파밀리아 입구 ▶ 성당 네 면 중 탄생 파사드 쪽
▶ 오른쪽 하단 부분은 죽음을 나타내는 골절, 뼈를 상징한다.
▶ "성당은 환하게 빛날 것이다. 조화로운 빛의 향연을 벌이는 성당이 될 것이다." 가우디의 말
▶ 강도에 따라 반암, 현무암, 화강암 등으로 기둥을 세우고 위로 갈수록 나뭇가지처럼 갈라져서 천장을 받치니 숲속 나무처럼 보인다. ▶ 지하 예배실

1882년에 공사가 시작되었는데 지금도 공사 중이다. 스페인 내전으로 한때 공사가 중단되기도 했다. 예수의 12사도를 상징하는 첨탑을 추가로 건설하는 등 프로젝트의 가장 큰 과제 중 일부가 남아 있다. 가우디 사망 100주년인 2026년에 완공할 계획이란다. 완공 후 다시 와봐도 좋을 듯싶다.

노숙자 취급을 받은 가우디

가우디는 1926년 6월 7일 집으로 돌아가던 중 전차에 부딪혀 치명상을 입었다. 그러나 전차 운전사는 그를 노숙자로 생각해 길옆에 내팽개치고 가버렸다. 사람들이 병원으로 데려가기 위해 택시를 찾았지만, 세 번의 승차 거부 끝에 네 번째 기사가 겨우 병원으로 옮겼다. 하지만 두 곳에서 진료를 거부했고 빈민 병원만이 그를 받아주었다.

간호사들이 옷을 뒤져 그의 신분을 알아내어 가족들에게 알렸고, 가족들이 다른 병원으로 옮기자고 했지만 그는 "옷차림을 보고 판단하는 이들에게 이 거지 같은 가우디가 이런 곳에서 죽는다는 것을 보여주게 하라. 그리고 난 가난한 사람들 곁에 있다가 죽는 게 낫다"라며 그곳에 있다 사흘 뒤 세상을 떠났다. 그 후 그를 죽게 만든 전차 운전사는 파직을, 승차를 거부한 택시 운전사 세 명은 불구속 입건되었다. 치료를 거부했던 병원은 가우디 유족에게 배상금을 지급했다. 그의 장례식은 수많은 군중들이 모인 가운데 사그라다 파밀리아에서 성대하게 거행되었고, 유해는 성당 지하 묘지에 안장되었다.

그는 짧지 않은 74년 생애 동안 자신의 꿈과 열정에 따라 사그라다 파밀리아 건축을 위한 프로젝트를 실행했고, 사람들은 그의 계획에 따라 아직도 건물을 완성해가고 있다.

PART 4

크루즈 타고 지중해 한 바퀴

마르세유, 엑상프로방스 … 제노바 … 피렌체
로마 … 나폴리 … 시칠리아 … 이스탄불 … 크레타
델로스, 미코노스 … 아테네 … 산토리니 … 코토르

바르셀로나항에서 크루즈를 타다

21일 간의 지중해 투어를 위해 바르셀로나항에서 크루즈를 탔다. 아침에 눈을 뜨니 배가 지브롤터항에 도착해 있었다. 지브롤터는 이전에 1박한 곳이기에 기항지 투어를 신청하지 않았다. 다들 많이 내려 배가 아주 조용했다. 그간 이리저리 바쁘게 이동하며 다니다 수영장에 몸을 담그고 바다 멍을 때리고 있으니 너무 좋았다.

세상은 넓고 지구는 둥글다란 사실을 직접 보고 싶어서 떠나온 여행이다. 맨 처음 이집트 홍해에 몸 담그고, 크로아티아 아드리아해

▶ 21일간 나의 안식처였던 프린세스 크루즈

▶ 크루즈 안에 카페, 레스토랑, 상점, 게임장, 안내소 등이 있다.

▶ 선탠을 즐기는 승객들

입수, 포르투에서 대서양을 바라보고, 이제 지중해 선상 3주 살기다 생각하니 신이 난다. 무엇보다 무거운 캐리어 끌고 이동 안 해도 되니 한동안 짐과 씨름할 일이 없어 제일 좋다.

크루즈의 첫 번째 장점은 짐 없이 기항지 투어를 하니 뭐니뭐니 해도 가벼운 여행이다. 두 번째는 자면서 다음 기항지에 도착하니 시간이 절약된다. 그리고 마지막으로 어디 가서 뭘 먹을지 걱정을 안 해도 된다. 하루 세끼 언제든 배 위에서 해결할 수 있다. 그 외에도 다양한 공연, 쇼핑, 운동거리 등 장점이 있다. 하지만 크루즈에서는 와이파이가 안 된다. 스마트폰도 안 되는 세상, 진정한 해방이다. 기항지에 도착해서야 되니 바다 멍을 때리며 보내는 시간이 진정한 휴식이다.

지중해 바다는 파란 물감 풀어놓은 듯하고 고요하기론 호수 같다. 쉼 없이 움직이는 달의 인력으로 인한 조수가 있고 그 움직임과 작용만 있다. 시간과 조수는 아무도 기다려 주지 않는다.

▶ 커피와 바다 단상
커피도 내 몸을 통과해서 다시 바다로 흘러간다~ 화장실로 내려간 물은 강물이 되고~
모든 강물은 바다에서 만난다~
바다에서 해무로 승천하여 구름이 되어 다시 대지를 적시는 비로 돌아온다~
이렇게 한 바퀴를 도는 한 순환이 한 사이클이다.

그도 사실이나, 시간이란 것이 원래 없는 것을 사람들이 편리를 위해 만들었을 것이다. 지구가 한 바퀴 도는 것을 하루로, 태양 주위를 한 바퀴 도는 것을 일 년으로 정해둔 것이다. 나도 그 순환을 따라 내 바이오리듬을 조율하고, 내면의 내비게이션, 내면의 소리를 들으며 지구와 함께 고동치며 나아가고 있다. 온종일 베란다에서 바다를 보다 나가서 갑판 위를 걸으면서 이런저런 생각이 들었다.

오늘은 저녁을 먹는 둥 마는 둥 갑판 위에서 만 보를 걸으면서 일몰까지 보았다. 승객에다 직원들까지 5천 명도 더 태우고, 몇 개의 수영장에 엄청 짐을 많이 실은 거대한 크루즈선은 마치 지구가 자전해도 우리가 못 느끼듯 운항 중에도 움직임을 느끼질 못한다. 그런데 일몰을 보며 그래, 이제 지구가 넘어가는구나 알게 된다.

마르세유와 엑상프로방스

프랑스 국가로 유명한 마르세유

크루즈 첫 기항지로 마르세유에 내렸다. 프랑스 2대 도시요 지중해의 큰 항구 도시인 마르세유는 나도 처음이라 설레었다. 프랑스 국가인 '라 마르세예즈'로도 유명한 곳이다. 대혁명 때 사람들이 남쪽 끝 마르세유에서 진격해 올라가면서 불렀던 노래를 북쪽 끝 스트라스부르 사람들부터 인정해서 국가가 되었다.

가이드 말이 이곳 사람들은 파리지앵들을 별로 안 좋아한다는데 아마도 자유, 평등, 박애 이념은 동일한 같은 프랑스이면서도 각자 다른 특유의 지역성을 가지기 때문이리라. 따로 또 같이 다르면서도 하나로! 그들이 선택한 유럽연합의 기저 사상이다.

유럽연합국들은 여행객으로서도 참 편하다. 가는 곳마다 유로로 통하니 환전할 필요도 없고, 국경 통과 시 여권 심사가 없으니 시간도 절약하고 편리하다. 갈수록 그런 편한 세상이 바람직할 수도 있으니 모쪼록 서로 금 긋고 총부리 겨누는 일은 세계 어느 나라에서도 없어야 한다. 유럽을 여행하면서 보는 곳곳에 게양된 우크라이나기를 보면서 더욱 그런 생각이 들었다. 조지아 같은 경우는 개인 상점에도 우크라이나 전쟁 반대를 위해 깃발을 꽂아 두었다.

▶ 마르세유 대성당 ▶ 마르세유 대성당에서 내려다보는 마르세유 항구
▶ 12세기에 짓기 시작해 16세기에 완공된, 거의 500년이 걸렸다는 성 소뵈르 대성당의 벽면은 보수 공사로 매끄러운 왼편과 거친 오른쪽 벽이 돌을 쌓은 시간대가 다름을 보여준다.

한달살이 하고 싶은 엑상프로방스

마르세유에서 차로 40분 거리인 엑상프로방스는 대학 도시다. 일년치 등록비가 의료보험 포함 500유로니 정말 저렴하다. 자녀 유학을 학비 비싼 곳에 보내 부모 허리 휘면서 노후자금까지 사용하는 것은 아니라고 본다. 나는 개인적으로 비싼 미국보다는 문화적으로나 의식적으로도 배울 것이 많은 유럽, 그중에서도 프랑스 유학을 권한다. 프랑스에서 미용, 패션, 요리 등을 공부하면 아주 좋다.

이곳은 남프랑스의 정서가 느껴지고, 바르셀로나처럼 길거리 간판이 프랑스어와 이 지역 방언 두 가지로 되어 있는 것도 흥미롭다. 그리고 인구 40만의, 내가 좋아하는 중소도시의 전형이다. 나중에 한달살이하고 싶은 도시로 자리매김해 두었다. 성당 몇 곳을 둘러보고 시청 광장 근처에 있는 예전 곡물 창고 건물도 보고, 농부들의 시장에서 수박을 사 먹었다. 지중해는 일조량이 많아 과일들이 다 달고 맛있다.

엑상프로방스 시청 벽을 살펴보면 마리안느 조각이 보인다. 이처럼 프랑스 시청들에는 자유, 평등, 박애의 상징인 마리안느가 새겨져

▶ 엑상프로방스 시청. 프랑스기와 우크라이나기 사이에 보이는 조각상이 마리안느인데 그 아래 'egalite(평등)'이란 말이 적혀 있다.

▶ 생 소뵈르 대성당 ▶ 농부들의 시장 과일. 납작복숭아도 있다.

있다. 그런데 예외적으로 마르세유 시청에만 '짐이 국가다'라고 했던 루이 14세가 새겨져 있다 한다.

마리안느는 외젠 들라크루아가 그린 <민중을 이끄는 자유의 여신>에서 삼색기를 들고 있는 그 여인이다. 혁명의 이념, 기치를 든 마리안느가 상징인 나라 프랑스는 페미니즘의 원조국이라 해야 할 것 같다. 68혁명이 처음 일어난 곳도 파리 지역 대학이었다. 그 후 독일, 일본, 미국 등 전 세계로 퍼져나가 지금은 비폭력, 평화, 여권 운동에서 녹색혁명, 자연, 환경보호 운동 개념으로 이어지고 있다.

엑상프로방스를 둘러보고 다시 마르세유 항구로 돌아왔다. 마르세유는 기원 전 6세기경 로마인들이 건설한 도시다. 지중해 지역 웬만한 항구 도시는 다 로마인들의 작품이다. 세계 역사는 한때 지중해를 주름잡았던 로마에서 시작해서 아랍, 오스만튀르크제국, 포르투갈과 스페인, 영국, 독일, 미국과 일본 등이 주역이었다. 역사에 한번은 우리 시대도 도래해야 할 것인데, 우리 세대에 통일이 되면 가능할지도 모른다는 상상의 나래를 펴 본다.

특별한 도시 제노바

제노바는 사실 관광보다 황열병 예방 접종을 하려고 내린 곳이었다. 크루즈 여행 다음 여정으로 아프리카를 가볼까 싶어 크루즈 기항지들 중에서 접종을 해야 했다. 그래서 제노바와 피렌체에서까지 약국과 병원, 보건소까지 섭렵했다.

덕분에 약사, 간호사, 의사 등 현지인들을 열댓 명 이상 만난 것 같은데 하나같이 친절했다. 이들뿐만 아니라 약국이나 병원까지 길을 가르쳐주거나 데려다준 사람들까지 모두가 밝은 얼굴로 진심으로 나를 도와주고자 했다. 삶이 다 팍팍한데, 우리나라에서 내가 저들과 같은 태도를 가질 수 있을까 자문해보았다.

여러 사람의 도움에도 불구하고, 내가 유럽 시민도 아니고 이탈리아 의료보험도 없기 때문에 위험 소지가 있는 접종을 해줄 수 없다고 해서 결국 황열병 예방 접종은 못했다. 하는 수 없이 접종은 포기하고 택시를 타고 도시 구경을 하고 다녔다.

그런데 택시 기사가 재미있었다. 내가 제노바가 제법 큰 도시 같다며 인구를 물으니 60만 명이라 하며 'not big, but particular'라고 말한다. 제노바는 큰 게 아니라 자꾸 특별하다고~ 콜럼버스, 파가니니 하신다. 파가니니는 유명한 바이올리니스트다. 잘생긴 기사 아저씨

▶ 페라리 광장에 앉아 있으니 이탈리아 할아버지가 내게 일본인이냐, 중국인이냐 물어보았다.
▶ 제노바 구시가지
▶ 이탈리아어가 적힌 가게가 예쁘다.

가 클래식을 부드럽게 틀어놓고 제노바는 정말 멋지고 특별한 도시라고 계속 말하니 그런 것도 같다며 설득당했다.

이탈리아에는 일단 로마가 있고 곁다리로 바티칸까지 있는 데다 누구나 로맨틱시티로 여기는 베네치아에, 르네상스의 원산지 피렌체, 그리고 영화 〈대부〉의 시칠리, 피사의 탑이 있는 피사에다 세계 3대 미항 나폴리까지 있으니 제노바, 밀라노는 그냥 북부 산업도시로 여겼는데 애향심 깊은 기사 아저씨 말을 들으니 그게 아니다 싶어졌다.

거짓말도 한 번 듣고 두세 번 자꾸 들으면 믿기는데 기사 아저씨 말을 듣고 페라리 광장, 대성당, 콜럼버스 생가 등을 가 보고 쇼핑 대로도 걷고 나니 생각이 좀 바뀌었다. 역시 제노바도 건물 사이즈만큼 이나 오래된 도시고 역사와 유서가 깊다. 와 보면 생각이 달라질 수도 있는 곳이다.

꽃도 이름을 알고 가만히 자세히 보면 예쁜데, 사람 사는 곳 어딘들 스토리가 없고 삶의 애환이 없으랴. 그러니 어딘들 삶이 아름답지 않으랴~ 여행지가 단지 이름 있는 곳, 볼만한 곳이 많아야 좋은 곳은 아니다. 별 목적과 기대 없이 왔다 보고 가는 제노바가 오히려 기억에 남는 것도 적지 않다.

특히 진료 병동이 다 수십 미터씩 떨어진 의료원에 갔을 때 내가 제대로 못 찾아갈까 봐 허겁지겁 뒤따라와 확인하곤 담당 의사에게 내 상황 설명까지 해주고 간 안내원 할아버지의 그 선한 마음을 잊지 못할 것 같다.

기사 아저씨가 잠시도 입을 안 다물어 나도 몇 마디 물어보았는데 그러다 도중에 말이 막히면 그때는 'My English is dangerous~' 해서 빵 터졌다. 'My English is bad'가 아니라 'dangerous'란 표현이 너무 재밌었다.

예술의 도시 피렌체

피렌체 투어를 위해 버스에 오르니 가이드가 며칠 사이 날씨가 별로였는데 오늘은 너무 좋다며 '오 마마미아'를 연발한다. 마마미아는 영어식으로는 '오마이 갓데스', 우리 식으론 '어머나 세상에' 정도의 이탈리아식 표현이다. 이탈리아 사람들이 좋은 걸로든 안 좋은 걸로든 가장 많이 쓰는 말이다. 가이드는 자신의 이름을 루카로 소개하며 이탈리아식 이름이라고 했다.

사실 성경의 4복음서 마태, 마가, 누가, 요한의 이름이 기독교 국가들에서는 가장 보편적으로 흔한 이름인데 나라마다 발음만 조금씩 다를 뿐이다. 마태오 리치의 마태오, 마르코 폴로의 마르코, 그리고 루카는 누가고, 지오반니가 요한이다. 요한은 영어로는 존(John)이고 프랑스어로는 장(Jeaon)이다.

가이드 루카는 부두에서 피렌체까지 가는 동안 잠시도 쉬지 않고 말하는데 내공이 장난이 아니다. 18세 때 시작하여 지금 18년 되어 36세란다. 이탈리아 가이드들은 지역별로 다 특화되어 있다 한다. 나폴리 가이드는 피렌체 역사를 전혀 모르는 식이다.

그리고 피렌체를 '플로렌스'라고도 부르는데 그렇게 부르지 마라, 이탈리아식으로 '피렌체'고, 베니스 아니고 '베네치아'다 등등 옳고 맞는 말을 착착 조리 있게 설명을 잘한다. 적어도 지명은 자기 나라 식으로 불러줘야 하는데 우린 대부분 영어로 부르는 경우가 많다.

어쨌든 피렌체는 로마보다 먼저 이탈리아의 수도였던 도시고, 면적으론 런던 다음으로 유럽에서 두 번째로 큰 도시다. 피렌체 하면 떠오르는 영화가 있다. 넷플릭스에서 매료되어 본 <메디치가>다. 로렌조와 메디치가 3대 스토리에 흠뻑 빠져서 보았는데 역사나 르네상스 등에 관심이 있는 분들에게 강추드린다.

프랑스 요리가 유명해진 것도 메디치 가문 덕분이다. 메디치 가문 딸이 프랑스 왕가에 시집가면서 친정집 요리사를 데리고 갔고 그 요리사로 인해 궁중요리가 발달했다. 그러다가 프랑스 시민들이 왕을 단두대에서 보내버리자 일자리를 잃은 요리사(chef, 쉐프)들이 거리로 나가 식당을 차리며 프랑스 요리가 전반적으로 발달하게 된 것이다.

메디치가는 특이하게 평민 출신이 중세 봉건귀족을 누르고 르네

▶ 피렌체 골목 풍경
▶ 메디치가 정문 입구. 벽돌 두께도 어마어마하다. 휘장 아래 둥근 것은 말을 매는 구멍이다.
▶ 메디치가 내부 회랑의 섬세한 천장과 기둥

▶ 두오모 성당 ▶ 베키오 다리 ▶ 시뇨리아 광장
▶ 산타크로스 성당 ▶ 산타크로스 성당 내부 정원 ▶ 저녁 바다 노을

상스를 가져올 정도로 유럽 역사와 문화에 큰 영향을 끼쳤다. 처음엔 상업으로, 나중엔 교황청과 은행 거래를 하면서 돈을 모아 피렌체에서 거의 몇 세대를 귀족보다 더한 돈과 권력을 가지고 예술, 문화 활동을 이끌었다. 그러면서도 평민 출신임을 잊지 않고 다른 가문들과 조율하며 통치하려 한 점이 중세를 넘어 근대사로 넘어가는 길목에서 역사적으로도 중요하다. 또한 교황과 소통, 거래를 하다가 원활하

지 못하자 자신의 가문에서 두 교황을 배출할 정도로 영향력이 컸다.

영화에서 본 메디치 가문의 집들과 지금은 시청으로도 쓰이는 궁전 같은 건물, 그리고 미켈란젤로와 메디치 가문의 후원을 받은 예술가들의 조각과 건축을 보니 나도 '오 마마미아'가 절로 터져 나왔다.

두오모 성당에 갔더니 인파가 어마어마했다. 이전에 와 본 적이 있는 피렌체라 두오모 성당과 베키오 다리를 추억하며 다시 걸어보았다. 그때는 겨울이었는데 같은 장소지만 다시 오게 되니 다른 느낌으로 감회가 깊었다. 이렇게 세월을 추억할 수 있는 것도 짧은 생에 큰 축복이라 여기며 다리 위에 서 봤다. 다리 위에 즐비한 보석가게도 그대로고 흘러가는 강물도 여전했다.

산타크로스 성당(성 십자가 성당)에 들어가 봤다. 800년 전에 세워진 이곳에 르네상스 거장들이 잠들어 있다. 지구가 돈다 해서 파문을 당했던 갈릴레오 갈릴레이를 비롯하여 미켈란젤로, 마키아벨리, 작곡가 로시니 등의 무덤이 있다. 이곳 역시 두오모 성당 못지않게 아름다운 곳이었다.

가이드 루카의 명쾌한 설명으로 예술의 도시 피렌체를 잘 감상했다. 그리고 버스 타고 돌아오는 길에 여긴 안드레아 보첼리의 고향인데 자기 지인이기도 한 보첼리 노래를 들어보라며 몇 곡 틀어준다. 처음부터 끝까지 전문 가이드로서의 센스와 내공이 돋보여서 내릴 때 고마웠다고 인사하고 가려는데 앞 승객 몇 분이 팁을 준다. 나도 얼른 같이 따라쟁이 하고 나서 어쩌면 사람 마음은 다 같구나 싶어졌다. 저녁 노을까지도 멋진 꽉 찬 하루였다. 석양이 지고 9시에서 10시까지도 바다는 붉게 물들어 있었다. 예술의 도시 피렌체를 본 날, 자연이 아름답고 사람도 하늘도 땅도 다 그러하다.

모든 성당을 다 지워버리는 바티칸 대성당

새벽 6시 30분에 로마로 출발! 가슴이 뛴다. 오늘은 어떤 가이드가 우리를 즐겁게 해주려나 기대를 해본다.

가이드는 자신을 빈센트라 소개하고 애칭인 '비니'라 불러달란다. 비니? 왠지 익숙한 이름이네 하면서 생각해보니 아들이 잘 쓰는 모자 이름이다. 안경 쓴 옆모습으로도 보이는 굵은 인상과 주름에다 각진 얼굴이 꼭 로마병사처럼 생겼다. 전날 가이드 루카가 감성 천사 훈남으로 정말 피렌체스러웠다면 비니는 로마스럽다고나 할까. 풍토, 환경의 산물인 사람도 지역에 따라 모습이나 느낌이 다른 게 흥미롭다.

여행은 그 지역의 풍경, 음식, 사람을 만나보는 재미인데 가이드가 현지 특화상품인 셈이다. 사실 나는 여행지 필수 정보 외엔 인터넷 정보도 잘 안 찾아본다. 인터넷 정보 열 마디보다 현지인의 한 마디가 더 낫다. 현지 가이드는 수많은 정보를 간단명료하게 전달해주고, 실제적이며 검증된 정보를 알려주니 훨씬 더 유용하고 신뢰가 간다.

과연 미친 로마인들이다!

로마의 대명사 콜로세움부터 방문했다. 로마 황제들은 이곳을 효과적으로 이용했다. 대중들에게 볼거리를 제공하면서 자신들의 입

▶ 한눈에 들어오는 콜로세움
▶ 바위 사이에 현대식 시멘트 대신 화산석과 흙, 우유 등을 섞어서 만든 단단한 재료가 사용되었다. 돌과 돌 사이는 연결되지 않아서 한 돌이 빠지면 와그르르 무너질 수도 있는데 전쟁, 지진에도 버틴 로마의 건축 기술이 대단하다. 원래 있던 부분과 새로 덧된 부분의 차이가 보인다.

지를 다졌고, 반항하는 자는 며칠 굶겨서 성난 맹수의 먹이로 던져버릴 수도 있다는 암시를 주기도 했던 잔인한 경기장이었다. 영화 <글래디에이터>와 초기 기독교인들의 순교 장소로도 유명한 곳이다.

콜로세움은 4층짜리 건물로 1층 도리아, 2층 이오니아, 3층 코린트 양식으로 각 층마다 건축 양식을 달리했는데 이는 앉는 사람들의 신분에 따라 달라졌다고 한다. 1층의 가장 낮은 곳에 설치된 특별석에는 황제, 2층에는 귀족과 무사, 3층에는 로마 시민권자, 4층에는 여자, 노예, 빈민층이 앉았다. 관객 5만 명을 수용할 수 있었으며 비가 오면 피할 수 있도록 천막 지붕도 설치되어 있었다.

가이드는 우리가 밟고 있는 하얀 돌은 이전 콜로세움 경계였으며 원래 경기장은 지금 모습보다 훨씬 컸다 한다. 콜로세움이 만들어지기 전 이곳은 네로궁전이 내려다보이는 인공 연못이었는데, 4만 명의 인부를 동원하여 다 메꾸고 이렇게 지었다는 가이드의 얘기를 들으면서 일행 중 누군가가 '과연 미친 로마인들이다'라고 해서 다들 웃

▶ 파리 개선문이 본떠 만든 티투스 개선문
▶ 무솔리니가 연설한 베란다 ▶ 고대 로마 시민들의 생활 중심지였던 포로 로마노

었다. 연못에 물을 채워 모의해전을 공연하기도 했단다.

1세기에 지어진 원형 경기장이 2천 년 세월 동안 지진과 전쟁을 겪고도 아직도 원형을 유지하고 있다는 건 놀라운 일이니 누가 뭐래도 고대 로마의 뛰어난 건축 기술을 인정할 수박에 없을 것 같다. 콜로세움이 버려졌던 오랜 세월 동안, 사람들이 대리석과 잘 다듬어진 돌들을 뽑아서 새 건물이나 집 짓는 데 사용했다 한다. 굳이 산에까지 돌을 구하러 갈 필요가 없이 콜로세움 내부 장식에 붙어 있던 돌을 가져다 쓴 것이다.

콜로세움을 보고 화려한 하얀 대리석 궁전이 있는 베네치아 광장을 지나 무솔리니가 연설하던 발코니가 있는 건물 쪽으로 걸어가며 파다 만 유적지들, 뒹구는 돌들도 2천 년의 역사를 말하고 있는 시간여행을 해본다. 뙤약볕은 내리쬐여도 항구에서 불어오는 미풍이 있어 발걸음도 가벼운 로마 산책이었다. '모든 길은 로마로 통한다', '로마는 하루아침에 이뤄지지 않았다'. 그 역사 덕분에 유럽에서는 로마를 가리켜 '세계의 머리', '영원한 도시'라고 부르는지도 모른다.

바티칸 성전 마당에 서 있는 이도교의 상징

비니가 오늘이 토요일이라 운이 좋은 것이라며, 로마인들은 더위를 피해 주말 별장이나 해변에 가서 교통 체증이 없을 것이라 했는데, 시내는 관광객으로 꽉 채워져 바티칸에 가니 와글와글 난리다. 어렵게 입장해서 보니 박물관에는 교황들이 천 년 이상의 부와 권위로 모아놓은 소장품들로 가득하다. 물론 전시 공간이 부족해 바닥에도 쌓아두었던 이집트 카이로 박물관에 비하면 내용물은 훨씬 적지만 그래도 이곳이 루브르와 대영박물관에 이어 세계 3대 박물관이란다.

쇼킹했던 것은 일명 솔방울 정원이란 곳에서 본 거대한 솔방울이었다. 바티칸 정원의 솔방울은 무얼 상징하는 걸까? 부를 상징한다고 설명하는데, 솔방울은 우리 뇌의 송과체를 상징하기도 한다. 그것을 건물 중앙에 4미터 높이로 조각해놓았다.

박물관과 이어지는 시스티나 성당은 교황의 서거나 사임 이후 새로운 교황을 선출하기 위한 콘클라베(conclave)가 열리는 곳이다. 선거의 공정성을 위해 전파 차단기가 작동하며 성당 내 통신 및 전기기구를 모두 치우고 카펫까지 제거한다. 그렇게 성당 문을 폐쇄하고 선거 결과를 나중에 연기로 피워 올리는 걸 영화에서 본 적이 있다. 이곳은 미켈란젤로의 '천지창조'와 '최후의 심판' 그림이 있어 더 유명하다. 4년간 천장에 그림을 그리며 미켈란젤로는 눈과 목 통증에 시달렸다는데 나는 4분 동안 천장 그림을 쳐다보는 것만으로도 목이 아팠다. 참 대단한 예술가의 열정과 인내다.

박물관을 나와서 성 베드로 대성당 안으로 들어갔다. 성 베드로 대성당은 4세기에 베드로의 무덤 위에 세워진 성당으로 '바티칸 대성당'이라고도 한다. 가톨릭의 총본산으로서 유럽 역사에 중요한 역할

▶ 4미터 높이의 거대한 솔방울이 있는 바티칸 정원
▶ 벨베데레의 토르소. 이 작품을 본 교황이 미켈란젤로에게 복원을 지시했는데 '이것 자체로도 완벽'하다며 거부했다고 한다. 이 작품을 시작으로 몸통만 있는 것을 '토르소'라고 부르게 되었다.
▶ 각 나라 수장이나 주요 손님이 오면 교황과 함께 걷는 곳으로 길이가 120미터다. 다들 압도적 건물과 그림에 기가 꺾였을 거라 생각하니 이 방의 용도가 그것이 아니었을까 혼자 생각해봤다.
▶ 지구 모양의 천장

을 했다. 크리스마스, 부활절, 교황 선출일 같은 특별한 날 교황이 발코니에 서서 손을 흔드는 장면이 뉴스에 나오는데 바로 그곳이다.

그런데 50만 명이나 모일 수 있는 광장 중앙에 오빌리스크가 서 있는 것이 나는 또 쇼킹했다. "오빌리스크는 이교도의 상징인데?"라고 비니에게 물으니 1세기에 칼리쿨라가 이집트에서 가져와서 문양을 다 지우고 꼭대기에 십자가를 뒀으니 이교도적이라고 할 수 없다고 말한다. 오벨리스크가 태양신 혹은 남근을 상징하는데, 바티칸 성전 마당에 두는 것이 과연 적절한가 싶다. 한편 로마가 기독교를 국교로 정할 때부터 신앙이라기보다 정치적 선택이었으니 어쩌랴 싶었다.

성당은 종교개혁에 대한 거부감과 반작용으로, 미켈란젤로를 비롯한 당대의 대표적 건축가들에 의해 르네상스식으로 더 성대하고

▶ 바티칸 광장의 오벨리스크
▶ 교황 제대를 덮은 천개가 화려하고 웅장하다. 저 아래 지하무덤이 있다. 청동을 주재료로 금박을 입혀 제작된 바로크 양식의 걸작품이다.
▶ 붉은 대리석을 진짜 천처럼 조각해둔 베르니니의 작품을 보고 입이 다물어지지 않았다.

화려하게 재건되었다. 지난 유럽 여행 석 달 동안 세비야 대성당, 비엔나와 부다페스트 등의 대성당들, 바르셀로나 가우디 성당까지. 그리고 이집트에서 본 거대 모스크들이 바티칸 대성당을 보면서 다 포맷되었다. 다 사라지고 이것만 남는 것 같다. 바티칸 대성당을 보고 이제 성당 보기는 종결짓는 걸로!

로마의 철자 'ROMA'를 거꾸로 하면 'AMOR'가 된다. 아모르, 즉 사랑의 도시다. 이 비밀스런 이름 때문에 줄리어스 시저조차도 사랑의 여신인 비너스 성전을 지었다. 돌아오는 다리 위에서 마지막으로 읽은 '문명도 사람도 역사도 모든 것은 로마에서 시작되었다'는 문구를 새기면서 속으로 말했다. 로마, 씨유 어게인!

그리고 돌아오는 차 안에서 다시 보니 가이드 비니는 로마병사에다 교황청 신부처럼 생겼다. 풍경, 음식 다음으로 사람이 보이기 시작하니 이제 '여행은 곧 사람이다'.

피자의 본고장 나폴리와 카르페 디엠 크레타

귀족들의 여름 별장

나폴리에서 짧지만 좋은 체험을 했다. 이번에도 현지 가이드는 로컬 그 자체였다. 이름이 라파엘로인데, 버스에 타자마자 자신의 목적은 나폴리를 잘 알려서 말하자면 여행자들 코를 꿰서, 이곳에 다시 오게 만드는 것이라고 했다. 나중에 내가 당신은 나폴리 전도사 같다 하니 사실이라며 웃었다. 나폴리는 그리스어로 '네압볼리(Neapolis)'라 불렀는데 이는 '새로운 도시'란 뜻으로, 그리스 사람들이 2,500년 전에 건설한 곳이다. 라파엘로는 그때 당시 만든 건축물이 그대로 보존된 게 놀랍지 않냐며 시내 곳곳의 건축물과 특징들을 잘 설명해주었다.

나폴리는 세계 3대 미항으로 알려진 것처럼 언덕과 바다가 있어 풍광이 아름다운 데다 날씨와 음식과 멋진 건축물로 사람들을 끄는 매력이 있다. 그 유명한 베수비오산, 카프리 섬과 소렌토 해안선은 마치 우리나라 다도해 남해를 보는 것 같았다. 항구에 요트가 엄청 떠 있는 걸 보면 부자들이 많은 동네다. 아름다운 곳에 로마의 상원의원들과 귀족들이 주로 별장을 짓고 여름을 나곤 했다 한다.

라파엘로에게 "카프리가 맥주 이름인 그 섬 아니냐?"라고 물으니 "섬이 먼저지 어찌 맥주가 먼저냐?"며 우문현답을 했다. 그러면서 버

▶ 아침에 눈 뜨니 배가 나폴리항에 정박해 있었다. 강력한 요새 형태의 누오보성
▶ 부자들이 사는 곳이고 파도가 없는 곳이어서 요트가 많이 떠 있다.
▶ 폼페이를 한순간에 덮어버린 베수비오산

스 안에서 '오 솔레미오' 하고 노래를 불렀는데, 즐거우면 그냥 소리가 터져나오는지 바다를 보다가도 갑자기 노래를 불러 또 빵 터졌다.

라파엘로는 수도 로마는 예술의 도시이자 교황의 도시고, 밀라노는 패션의 도시고, 나폴리는 그저 나폴리로서 아름답다고 말했다. 이곳에서 태어나 이 바다에서 다이빙하며 자랐기에 북적거리는 이곳 구석구석을 다 알고 있단다. 차 안에서 설명하다가도 저기는 자기가 가장 좋아하는 레스토랑인데 투어리스트들은 절대 안 가는 곳이라며 가르쳐주기도 했다. 진정한 현지 가이드요, 나폴리 사람답다.

가이드를 하며 늘 반복하는 설명일 텐데도 구절마다 악센트를 넣어서 진정성을 갖고 설명 아닌 홍보를 하니 코 밑에 앉아 있던 미국 아주머니는 라파엘로의 말끝마다 'Oh! It's unbelievable!'이라며 추임새를 넣으며 리액션을 했다. 그러면 그는 또 'It's just aperitif~(이건 시작에 불과하다)'라고 맞장구를 치며 나폴리 소개에 열을 올렸다.

이탈리아 사람도 피자는 이탈리아 음식이 아니라 나폴리 음식이라 할 만큼 이곳은 피자의 본고장이다. 나폴리 피자를 대표하는 두 종류가 있는데 토마토와 마늘, 바질 등을 토핑으로 얹는 마리나라 피자와 마르게리타 피자다. 마르게리타 피자는 1889년 나폴리를 방문했던 마르게리타 왕비의 이름을 딴 것으로 나폴리가 원산지인 모차렐라치즈가 들어간다. 2차 세계대전 당시 나폴리에 주둔했던 미군들에게 사랑받으면서 미국과 전 세계로 퍼져나갔다. 둘이 먹을 만한 피자 한 판이 7~8유로니 유럽 다른 도시 물가에 비해 아주 싸다.

장화처럼 길쭉한 땅에 있던 여러 도시가 하나로 합쳐진 것은 1871년이다. 베네치아만 해도 부유한 항구 도시였고, 피렌체는 독립적으로 존재했으니 통일할 필요성을 못 느꼈을 수도 있다. 로마도 피렌체도 베네치아도 밀라노도 나폴리도 다 독특한 도시들이다.

그래서 라파엘로를 보면서 로컬이 글로벌인 걸 다시 느꼈다. 자기 지역을 가장 깊이 아는 사람이 다른 것에 대한 포용력도 가지면서 더 쉽게 융화될 수 있는 코스모폴리탄이 될 수 있다. 자국 문화를 잘 아는 사람이 다른 문화를 수용할 능력이 더 크기 때문이다.

그런 의미에서 나는 글로컬(glocal)이란 신조어를 좋아한다. 글로컬은 로컬이면서 글로벌이다. 우리나라도 비슷한 슬로건을 내건 적이 있었다. 가장 지역적인 것이 가장 세계적인 것이라는 것. 그런 맥락에서 경쟁력을 가지려면 우리 것을 더 잘 소화해서 고객맞춤형으로 최적화시켜 관광 문화상품으로 개발하면 좋을 것이다.

동지중해의 항공모함

지중해의 고요한 물결만 보다 그래도 물결치는 파도가 시원한 크레타섬에 내리는데 기항지 투어를 어떻게 할까 고민하다 투어를 신

▶ 크레타섬 투어 열차

청하지 않고 원래 내 방식대로 그냥 발광(발관광)하기로 했다.

내리니 예쁜 아가씨가 다가와서 트레인을 타라고 한다. 여행자들이 타는 앙증맞은 꼬마 열차인데 7유로밖에 안 하니 그걸 타고 둘러보기로 하는데, 그냥 동네 한 바퀴가 아니라 중간중간 가이드가 설명도 해준다니 더욱 좋았다. 크레타섬에서 볼 것도 많은데 오늘 돈 벌었다 하며 기분 좋게 탔다.

옆에 앉은 캘리포니아에서 온 할아버지는 85세라는데 너무 정정하다. 같이 사진도 찍고 명함도 주는데 할머니랑 두 분이 초긍정 마인드다. 두 분을 보니 70세까지만 해외여행을 다니기로 마음먹었는데 더 연장해서 다녀야겠다는 생각이 들었다. 이분들은 기항지 투어 상품을 거의 이용하지 않고 개별 여행을 하고 있었다. 연세 드신 분이 그렇게 독자적으로 움직이니 더 좋아 보였다.

할머니랑 메일 주소를 주고받다 내 메일 아이디가 영어로 불꽃이라 흥미롭다 하시기에, 인생은 잠시 명멸하다 가는 불꽃놀이니 그렇게 지었다 했다. 인생은 지금 여기, 카르페 디엠으로 살다가는 게 답이라 했더니, 자기랑 딱 맞는 생각을 한다며 웃으며 하이파이브를 했다. 나랑 비슷한 생각을 가진 사람을 만나면 소통개백로(疏通開白路, 소통은 백 개의 길을 연다)의 시원함을 느낀다.

잠시 꼬마 열차에서 내려 가이드의 설명을 듣는데, 카롭스란 나뭇가지를 잡아 열매를 따서 먹어보라고 한다. 알제리, 모로코 등에서도 생산되는 열매인데 설탕보다 당도가 10배나 되고 먹으면 말도

▶ 아랍인들이 지은 요새, 주위에 해자를 만들어 철통방위로 섬을 지배했다.
▶ 500~600년도 더 된, 베네치아인들이 만든 분수
▶ 크레타섬은 잦은 전쟁의 중심부로서 동지중해의 항공모함이란 별명이 있을 정도다. 전쟁을 하며 사는 것이 이들의 역사였다. 탑 꼭대기에 전쟁의 여신 아테나가 있다.

흥분한다고 한다. 일행 중 한 아저씨가 따 먹고는 흥분한 척하면서 "Where is my wife?" 해서 한바탕 또 웃었다.

그리스 문명의 효시

헤라클리온(Heraklion, 이라클리오)은 '헤라클레스의 도시'란 뜻으로 크레타섬의 주요 도시다. 학창 시절 세계사 시간에, 로마보다 앞선 것이 그리스 문명이요 그리스 문명의 모태가 크레타섬이라 배웠는데, 미노아 문명이 기원전 2천 년 경에 크레타섬 중심으로 일어난 그리스 문명의 효시다.

미노아는 미노스 왕의 이름에서 따온 말이다. 미노스의 아버지는 그리스신화의 최고 신인 제우스이고, 어머니는 페니키아의 공주였던 에우로파(Europa)이다. 유럽이라는 단어가 바로 여기서 나왔다.

고대 유물 박물관(Archaeological Museum)에 갔더니 박물관에 있는 유물들은 대부분 청동기시대의 것들로, 크노소스 궁전에서 발견된

것들이다. 크노소스 궁전은 야외라서 훼손될까 봐 이곳으로 옮겼다 한다. 수천 년 전, 도기에 채색을 하고 문양을 새겨 넣어 그릇으로 사용하고 장신구를 아름답게 만들어 치장한 것을 보면서 인간은 본질적으로 아름다움을 추구하는 존재라는 걸 새삼 확인한다. 대리석 조각의 옷 주름을 보며 찬탄하고 프레스코 벽화 그림의 색채감과 입체감에 놀란다.

그런데 길거리 기념품 가게를 보며 첫 번째 드는 생각이 '아니, 터키 물건이 왜 여기 와 있지?'였다.

크레타는 지중해에서 다섯 번째로 큰 섬이고 무역 거점지였는데 남쪽으로는 이집트, 서쪽으로는 이탈리아, 동쪽에는 이란, 북쪽에는 터키 등 강대국들과 가까워 침략이 잦았다. 9~10세기에는 백 년 이상 이슬람의 지배를 받았다. 아랍 무역상들이 비잔틴 동로마제국으로부터 크레타섬을 받아 성을 만들고 그들의 왕국을 건설했다. 이후에는 베네치아가 400년, 터키가 19세기 말까지 지배했다. 그래서 이곳에는 오랫동안 그리스정교와 이슬람교가 공존했다. 1913년 그리스로 통합되고 나서야 무슬림들은 터키로 이주했다. 이런 역사적 배경으로 이슬람 문화가 혼재하니 음악이나 그릇의 문양 등 그리고 터키에서 본 파란 눈 같은 것들이 기념품 가게에 즐비했다.

자유인 조르바

그리고 여기 와서 또 놀랐던 것은 카잔차키스의 작품 《그리스인 조르바》가 바로 크레타섬을 배경으로 한 소설이고, 안소니 퀸이 주연한 동명의 영화도 대부분 이곳에서 촬영되었다는 것이었다.

나는 몇 년 전 카잔차키스의 묘비명을 좌우명으로 삼았다.

▶ 베네치아 요새를 엄청나게 튼튼히 지었다. 이탈리아는 건축 기술이 대단한 것 같다.
▶ 올리브나무를 깎아 만든 수공예품이 많다.
▶ 아이스크림 가게 직원. 그리스 조각을 닮았다 하니 웃으며 포즈를 취해 주었다. 어색한 그의 미소를 보며 그리스인 조르바가 생각났다.

I hope nothing. (나는 아무것도 바라지 않는다.)

I fear nothing. (나는 아무것도 두려워하지 않는다.)

I am free. (나는 자유다.)

조르바처럼 자유인으로 살고 싶었기에 그의 묘비명이 그리 깊이 와 닿았나 보다. 그의 이름을 따서 크레타섬 공항명도 니코스 카잔차키스 공항이다. 그의 무덤과 박물관도 헤라클리온에 있는데 크루즈 승선 시간을 지켜야 해서 못 간 게 못내 아쉬웠다.

마지막으로 항구 쪽에 있는 베네치아 요새에 가 봤다. 1204년 베네치아는 비잔틴 동로마제국으로부터 헤라클리온을 사들여 거대한 요새를 건설했다. 이후 사람들이 이주해오면서 이탈리아 르네상스 문화가 유입되었고, 이른바 크레타 르네상스가 펼쳐졌다. 베네치아가 지은 요새는 벽 두께가 최대 40미터에 이르고 항구까지 이어진다. 베네치아 시대에 만들어진 분수도 도시 곳곳에서 볼 수 있었다.

1592년간 수도였던 도시, 이스탄불

이스탄불에 배가 정박하고 크루즈 터미널을 걸어나가는데 터미널 자체도 공항만큼이나 크다. 역시 지중해의 중심 도시답다. 이스탄불은 예전에 한 번 와본 적이 있다. 걷다 보니 블루모스크도 나오고 아야 소피아도 만나고 그랜드 바자르도 나오겠다는 기억으로 걸어가 보니 한번 와본 곳이라고 차례로 나타난다.

스파이스 바자르의 복잡한 시장통 골목을 지나서 그랜드 바자르 입구가 나타나고, 옆에 제법 큰 모스크가 있는데 예니 모스크다. 그랜드 바자르는 사통오달이라 들어가면 미로처럼 출입구가 많아 헤맬 정도로 정신이 없는데, 행인이 많아 엄청 북적이는 것도 여전했다.

지나가는데 머릴 멋지게 꾸민 총각이 달달한 다과를 맛보라고 주면서 확신에 찬 목소리로 "말레이시아?" 한다. "놉놉" 하자 그 옆에 있던 총각이 "인도네시아?" 한다. 동남아인으로 보이는 내 외모 탓에 여행하면서 내 국적을 제대로 맞춘 적이 없다. 세 번째에 필리핀이라고 물어보기 전에 얼른 내가 먼저 "코리아~"라고 외치고 사라졌다.

7월의 이스탄불 햇볕은 완전 여름 날씨를 느끼게 한다. 걷다 목이 말라 수도꼭지가 보이니 반갑게 물을 받아 마셨다. 독일 황제 빌헬름 2세가 우정의 증표로 선물했다는 황금지붕으로 된 우물이다.

▶ 그랜드 바자르 천장 지붕 ▶ 빌헬름 2세가 선물했다는 황금지붕 우물
▶ 다과를 직접 만들어 차와 함께 서빙하는 카페

아야 소피아는 원래 동로마 시절에 기독교 성당이었다가 오스만 제국이 모스크로 바꾸었고 지금은 박물관처럼 사용되는 곳인데, 사람들은 그냥 소피아 성당이라 부른다. 아야 소피아 앞에 가니 줄이 장난이 아니다. 성당 앞의 카페에 들어가서 시원한 카페라테를 마시며 바라보는 걸로 대신하기로 했다. 내부가 아름다운 건 사실인데 이미 보았기에 굳이 줄을 서서 다시 보고 싶진 않았다.

실외인데도 카페 테라스 그늘에 오래 앉아 있으니 시원하다 못해 너무 선선해져 블루 모스크로 가니 그곳도 줄이 좀 있었다. 이번엔 기다렸다가 들어가보았다. 블루 모스크의 원래 이름은 술탄 아흐메드 모스크인데, 서양인들이 애칭으로 블루 모스크라 한 뒤부터 다들 그렇게 부르고 있다. 모스크 내부의 2만 개 넘는 파란 타일 장식과 260개의 푸른빛이 도는 스테인드글라스를 보고 그렇게 불렀다 한다.

▶ 아야 소피아 앞에 모여든 많은 인파들
▶ 블루 모스크(아흐메드 모스크) 앞
▶ 삼중 성벽이 지금도 도시를 둘러싸고 있고 그 옆으로 노란 택시가 달리고 있다.

1609년 오스만제국의 14대 술탄이었던 아흐메드 1세의 명령으로 짓기 시작해 1616년에 완공된 세계에서 가장 아름다운 모스크로 칭송받고 있다.

이 모스크의 특징 중 하나인 6개의 미나렛에 대한 일화도 있다. 미나렛은 뾰족한 첨탑으로 보통 4개인데, 술탄은 1개의 황금(altin) 미나렛을 요구했다. 그런데 건축가가 6(alti)개의 미나렛으로 잘못 알아들어 6개나 만들었다고 한다. 그래도 다행인 것은 완성 후 술탄이 만족했기에 문제는 없었고 오히려 전무후무한 6개의 미나렛으로 더 특징 있는 모스크가 되었다.

술탄 아흐메드 광장 잔디밭 나무 그늘 아래에서 쉬고 있는 사람들을 보니 비엔나 로열파크에서 햇볕을 즐기던 사람들이 생각났다. 어디서든 쉼을 즐기는 모습이 보기 좋다. 근처에 있는 귈하네 공원(Gulhane Park)에도 나무 그늘에 앉아 쉬는 사람들이 많았다.

공원에서 나와 갈라타 다리를 보러 갔다. 갈라타 다리는 보스포러스 해협과 골든 혼 사이의 삼각형 바다를 잇는 다리다. 이스탄불은 유럽과 아시아를 잇는 도시이고 지중해 무역 도시로서도 중요했지만, 삼중 성벽과 더불어 삼각형의 바다가 있어 육지의 성벽만 잘 지키면 되는 천혜의 요새였다. 그런 자연적 입지가 있었기에 무려 1,600년 동안 난공불락의 수도로 유지될 수 있었다.

이 천년의 요새를 뚫고 함락시킨 술탄 모하메드 2세와 관련된 영화 <오스만 제국의 꿈>을 재미있게 봤던 생각이 났다. 골든 혼 쪽에 바다를 막는 쇠사슬과 삼중 성벽을 뚫지 못하자 오스만 군대는 산으로 대포를 끌고 올라가서 공성전을 펼쳐 성벽을 무너뜨렸다.

갈라타 다리와 갈라타 타워도 이스탄불 탈환 후에 생긴 것이라 하는데, 지금은 다리 위에서 사람들이 낚시를 하고 해협 사이로 수많은 유람선, 그리고 바람 쐬러 온 사람들과 여행객들로 북적인다.

호주머니에 손을 넣고 성큼성큼 걸어가는 이곳 남자들의 보폭 큰 걸음을 보면서 나는 마치 튀르크 전사를 보는 듯했다. 코리아 하면 같은 형제의 나라라고 좋아하는 이들이 정말 고조선도 훨씬 이전에 나뉜 12한국의 한 지파가 아닐까 하는 상상을 해본다.

이스탄불의 유구한 역사 | 처음에는 그리스제국의 도시 비잔틴이었다가 330년 콘스탄티누스 1세 황제의 이름을 따서 로마제국의 수도 콘스탄티노플이 되었다. 이후 오스만제국이 탈환하면서 이스탄불이 되었다. 이스탄불의 뜻은 'The City', 즉 그 도시다. 이미 로마와 동로마의 수도가 되면서 도시 자체를 아름답게 꾸몄고 당시의 인구나 위상으로 볼 때 더 이상의 도시가 없다는 의미로 그냥 '그 도시'라 불렀던 것이다. 1922년 터키공화국으로 제국이 막을 내릴 때까지 무려 1592년간 수도였다.

아테나 여신을 만나러 가다

그리스 최대 항구인 페리우스를 지나 그리스 수도 아테네에 입성했다. 아테네는 지혜와 전쟁의 여신 이름을 딴 도시다. 로마 신화에 나오는 지혜의 신인 미네르바는 그리스 신화의 아테나와 동일 인물이다. 커다란 눈으로 어둠 속에서도 사물을 잘 분간할 수 있는 올빼미는 무지의 어둠 속에 지혜의 빛을 밝히는 아테나 여신을 상징하는 새다.

여신을 만나러 간다고 해서 아침부터 긴 치마를 찾아 입고 나섰는데, 정작 아크로폴리스 파르테논 신전을 오르는 계단을 간과했다. 도시의 언덕 꼭대기까지 오르는 대리석 계단은 아름다웠으나 수많은

▶ 아크로폴리스 극장

▶ 보수 중인 파르테논 신전. 신전 주위의 붉은 대리석 바닥 돌이 닳아서 반질거렸다.

▶ 저 멀리 언덕 위에 보이는 포세이돈 신전

여행자들의 발길이 닿아서인지 매우 반질거리고 미끄러웠다.

'아크로폴리스'란 단어에서 아크로는 '높은'이란 뜻이고 '폴리스'는 언덕이란 뜻이다. 도시국가가 형성되면서 자연적으로 수비가 쉬운, 말 그대로 '높은 언덕'에 위치하게 된 것이다. 당시 도시국가들은 대부분 언덕 위에 신전을 세웠다. 그리스가 로마나 터키의 지배하에 들어갔을 때도 신전은 여전히 보호되고 증축되었다 한다. 우리가 방문한 날도 아테나 여신에게 바쳐진 거대한 파르테논 신전이 보수되고 있는 중이었다. 파르테논 신전은 도리스식 건축의 걸작이다.

파르테논 신전을 보고 내려와서 시내에서 커피를 마시며 아크로폴리스를 올려다보며 감상한 다음, 다시 버스를 타고 바다의 신 포세이돈 신전으로 향했다. 구불구불한 해안선을 따라 가는 동안 선탠하며 바다 수영을 즐기는 사람들을 보니 아테네 사람들은 참 여름을 여름답게 보내는구나 싶어졌다.

바다를 굽어보는 높은 곳에 바다의 신 포세이돈 신전이 있는데 그

▶ 진짜는 탈취당해서 모조품을 전시해두었다.

▶ 마라톤 선수가 마지막으로 들어오는 경기장

곳에서 내려다본 풍경은 정말 장관이었다. 지금은 그리스 도시인 당시의 데살로니카 등을 방어하려고 모든 방향에서 바다를 다 내려다볼 수 있는 이곳에 신전을 세웠다고 한다.

아테네는 고대 그리스 문명의 꽃을 피우고, 최초의 민주주의 도시로 모든 유럽 국가들의 문명의 요람이 된 도시다. 그리스는 그런 조상들 유적 덕분에 먹고살기는 하지만, 21세기인 지금까지도 중공업이 형성되지 못해 자동차, 컴퓨터, 전자제품을 수입하는 나라다. 그나마 산이 있어서 그 산의 대리석을 수출한다. 2004년 아테네 올림픽을 치르면서 경기장 등 부속 건물을 좀 지었으나, 아크로폴리스를 안 가리도록 하기 위해 9층짜리 이상의 건물은 못 짓게 되어 있다고 한다.

연륜이 있으면서도 내공이 넘치는 아테네 가이드 아말리아 덕분에 짧은 시간이었지만 상세한 설명을 들을 수 있었다. 아테네와 관련된 그리스신화와 그리스정교 이야기도 많지만 백문이불여일견이라고 왔노라, 보았노라, 그리고 느꼈노라로 정리하고 아테네를 떠나왔다.

절벽 위에 눈부시게 빛나는 산토리니

누군가 이곳을 '빛에 씻긴 하얀 섬'이라 했다. 마치 그리스의 대명사처럼, 섬을 뒤덮은 눈부신 하얀 건물들 사이에 드문드문 파란 돔 지붕이 보이는 사진으로 유명한 섬이다. 아침에 일어나니 배가 그 섬에 정박해 있었다. 절벽 같은 산 위에 하얀 건물들이 가늘게 줄지어 있는 모습이 마치 산 위에 쌓인 눈처럼 보였다.

배에서 내려 산토리니의 다이아몬드라는 이아마을을 방문했다. 사진에서 본 모습 그대로였다. 미로 같은 하얀 길을 따라 걸어가면

▶ 마치 도시가 절벽 산 위에 쌓인 눈처럼 보인다.

동화에 나올 법한 상점과 가게들이 즐비했다. 좁은 비탈길 옆 카페에서 바다를 보며 카푸치노를 마셨다.

그리스의 대문호 카잔차키스는 그의 소설《그리스인 조르바》에서 "죽기 전에 에게해를 여행할 행운을 누리는 사람은 복이 있다"라고 했다는데 에게해는 문명의 요람이라 현대인들에게도 꿈과 무의식의 자양분을 주고 있는지도 모른다.

수천 년 전 화산 폭발로 지금의 칼데라호의 바다가 형성되어 둥글었던 섬 안이 바닷물로 채워져 초승달처럼 변했다 한다. 그 덕분에 하얀 조개처럼 화산섬 절벽 위로 다닥다닥 건물들이 붙어 있고, 이런 모습을 보려고 이아마을과 섬의 또 다른 마을 피라에 관광객들이 몰려든다.

지나가는데 공기가 후끈해서 쳐다보니 한 가게에서 불을 피워놓고 여행객들에게 팔려고 싱싱한 생선을 굽고 있다. 하얀 건물 탓인지 바다는 더 파랗게 보이고, 진열된 상품조차도 온통 흰색과 파란색으로 시원한 가게 순례도 하고 아이스크림도 먹었다. 미로 같은 좁은 골목을 거니는 나는 영락없이 요정이 된 기분이었다.

햇빛이 강렬한 그리스에서는 예전부터 열을 차단하기 위해 흰색으로 집을 지었다. 그래서 국기에도 섬의 하얀색과 바다의 파란색이 들어가 있다. 하얀 섬에 진한 분홍꽃 부겐빌레아가 피어 있으니 더욱 화사하다. 색깔의 조화가 이렇게 선명하면서도 좋은 에너지를 줄 수 있다는 걸 이곳에 와서 더 확실하게 느꼈다.

그리스의 수많은 섬 중 키클라데스 제도의 산토리니와 미코노스는 젊은이들에게 특히 사랑받는 곳이다. 동화 속 같이 아름다운 섬으로 신혼 여행을 오는 커플들도 많다. 게다가 와인 천국이다.

▶ 화산섬 절벽 위로 다닥다닥 붙어 있는 하얀 건물들
▶ 사진을 찍으려 하자 팔을 번쩍 들고 포즈를 취해준 그리스 전사 복장의 칼 찬 아저씨
▶ 펄럭이는 그리스 국기와 정교회

산토리니에서는 짧은 워킹투어를 신청했는데, 가이드가 정말 효율적으로 진행해 가성비 최고였다. 가이드 알렉스는 버스에서 잠시 속사포처럼 섬 이야기를 쏟아낸 다음, 내려선 잽싸게 몇 줄 안내해주고 자유시간을 줬다.

마지막으로 이 아름다운 섬에 전해내려오는 이야기는 신비를 더해주는 매혹적인 요소다. 그리스인들은 오래전 화산 폭발로 형성된 산토리니를 전설 속에 사라진 '아틀란티스'로 믿고 있다. 나 역시 아틀란티스야말로 거의 1만 년 전 인류 역사를 설명해주는 단초로 본다. 어쩌면 그래서 그리스의 크레타도 미코노스도 산토리니도 문명의 요람이 되었는지도 모른다. 지구 역사 45억 년에 인류 역사가 겨우 1만 년이라니! 말이 안 되는 것 같다. 사라진 고대 문명을 믿는 내게 아틀란티스 이슈는 여전히 무척 흥미로운 부분이다.

신화의 성지 델로스와 아늑한 미코노스

델로스와 미코노스는 크루즈 여행이 아니면 가기 힘든 곳이다. 델로스는 아폴로의 탄생지로 알려져 있고, 델로스 동맹으로도 유명하다. 아침에 이제껏 한 번도 보지 못한 거센 바람에 물결이 일렁이니 늘 파랗던 바다가 온통 하얀 포말로 점점이 가득 덮였다. '아, 이런 날 어떻게 나가나?' 하면서도 투어 예약을 이미 해버렸기에 할 수 없이 나섰다. 작은 배를 타고 섬까지 가는데 괜찮은가 싶더니 배가 심하게 흔들리는데 장난이 아니다.

그래도 어찌어찌 가서 델로스에 내려 가이드를 따라 세찬 바람을 맞으며 걸었다. 보이는 건 돌무더기에 돌담이요 가끔씩 기둥이 있다. 언덕까지 오르려니 바람에 날려갈 것 같다. 그래도 가이드 라일라는 열심히 지도와 자료를 손에 들고 설명을 하는데 역시 프로정신인가 싶었다. 여기가 방이요, 호텔이요, 신전이며 무엇 하던 공간이라고 말해주는데 온갖 상상력을 총동원해서 그 장면을 떠올려보기도 했다. 신들의 노함인지, 폭풍의 언덕 같은 델로스 투어는 정신없이 끝나고, 다소 지친 상태로 다시 미코노스로 가기 위해 배를 탔다.

여전히 바람은 거세서 아예 눈을 감고 앞의 테이블에 엎드리니 직원이 와서 나를 부축해서 밖으로 나왔다. 두꺼운 종이봉투 하나를 쥐어 주는데 혹 너무 불편하면 거기 다 토하라는 것 같았다. 바깥 데크에는 나 같은 사람 몇몇이 나와 있었다. 바람 때문에 추운 것도 잊고 뱃멀미가 이런 거였구나 체험하며 아무 생각 없이 한동안 망연자실해 있었다. 그렇게 시간이 지난 뒤 미코노스에 도착했다.

내려서 그냥 쉬려다 또 어찌어찌 사람들을 따라 걸으니 걸을 만했다. 일단은 미코노스가 아늑하고 예뻐서, 델로스의 돌무더기 바람언덕을 빼고 진작 이곳부터 왔으면 고생이 덜했겠다 싶었다. 그렇게 미코노스를 한 바퀴 돌고 나니 정신이 들어 이리저리 다니다 바람도 파도도 가라앉아 무사히 웃으며 돌아왔다. 뱃멀미와 미친 광풍만 아니었더라면 신화와 신전의 성지인 델로스를 좀 더 음미하며 차근히 둘러볼 수 있었을 텐데 하는 아쉬움이 남았다.

▶ 하얀 교회 건물의 빨간 문이 이채롭다.
▶ 바닥 가운데 디오니소스의 모자이크가 있어 '디오니소스의 집'이란 이름이 붙었다.
▶ 헤르메스에게 바친 둥근 대리석 기념비
▶ 클레오파트라의 집
▶ 부겐빌레아 꽃으로 예쁘게 장식된 미코노스 가게

작고 아름다운 중세 성벽 도시 코토르

가보기 전에는 지구상에 이런 지명이, 아니 이런 나라가 있는 지도 몰랐었다. 나라명은 몬테네그로다. 발칸반도의 크로아티아와 그리스 사이에 있는 나라로, 세르비아와 합병되었다가 유고슬라비아가 나뉠 때 분리되어 2006년에 독립했다. 세계 배낭 자유여행자들이 가장 많이 보는 가이드북 《론리 플래닛(Lonely planet)》에서 2016년에 가장 가 볼만한 곳 일순위로 뽑히기도 했다. 신구의 조화, 중세적 건물과 현대가 어우러지는 곳이다.

배에서 내려 섬을 한 바퀴 차로 돌고 나서 코토르(Kotor)의 세 입구 중 하나인 바다 쪽 입구로 들어가니 오래된 건물들이 그대로 보존되어 있었다. 교회는 대부분이 그리스정교회인데 소수의 로마 가톨릭 교회가 같이 공존하는 곳이다.

두 교회의 가장 큰 차이점은 내가 보기에 예배석 의자이다. 그리스정교회는 신도들은 서서 예배를 보니 노약자석 외엔 앉는 좌석이 없다. 그래서 대부분 교회 중앙이 모스크처럼 텅 비어 있다. 로마 가톨릭 교회는 앉아서 예배를 보도록 의자가 배열되어 있다.

그리고 두 번째 차이점은 가톨릭 쪽은 각종 성인들의 동상들이 즐비하고, 그리스정교회 쪽은 그런 걸 다 우상으로 여겨서 그림은 있어

▶ 코토르에서 가장 큰 성 니콜라스 정교회. 중요한 행사들이 이 교회에서 열린다.
▶ 성 누가 교회
▶ 나폴레옹 이름이 붙은 건물이 호텔로 사용되고 있다. 왼쪽이 나폴레옹 지배 때 지은 건물이다.
▶ 시계탑 아래의 작은 피라미드에는 역사에 안 좋은 영향을 끼친 사람들의 이름이 적혀 있다.
▶ 12세기에 지어진 로마네스크 양식의 성 트리폰 가톨릭 교회
▶ 초록 문도 이 도시에선 잘 어울린다.

도 조각상은 없다.

코토르에서 가까운 페라스트라는 곳이 있는데 거기서 보는 두 섬이 특별히 아름다웠다. 언젠가 TV 여행 프로그램에서 본 바로 그곳이었다. 두 섬 중 하나의 이름이 'Our Lady of the Rocks'인데 아마 성

▶ 강 쪽 입구에 해자가 있고 종이배 모형이 예쁘다.
▶ 왼쪽은 Our Lady of the Rocks이고 오른쪽은 성 조지 섬이다.
▶ 바다색이랑 대비된 오렌지색 지붕 색깔이 환상의 매치를 이룬다.

모의 섬이란 뜻일 텐데 인공 섬이다. 그 옆에 나무가 아름답게 심긴 성 조지 섬이랑 같이 있어 흔히 '두 섬'으로 불리며 주변의 아름다운 산세와 함께 조화를 이룬다.

이곳은 작은 지역임에도 16개의 교회와 17개의 꽤 큰 궁전이 있다. 지나가면서 보니 낚시를 즐기거나 수영, 그리고 선탠을 하는 사람들이 있긴 하나 접근성이 어려운지 크루즈 여행객 외엔 다른 여행자들은 없어 비교적 조용했다.

시내 워킹투어를 해준 가이드 나타샤 말로는 코토르 지역은 8개월은 크루즈선으로 먹고산단다. 다시 말해 대부분 크루즈 정박 시 오는 여행자들로부터 얻는 관광 수입으로 사는 곳이다. 길거리 곳곳에 버스킹을 하는 연주들이 많다. 아름다운 선율은 덥고 지친 여행자들에게 언제나 시원한 한 줄기 바람같아 늘 감사했다.

영화 <대부>가 떠오르는 시칠리아

시칠리아를 보는 순간부터 우와~ 가슴이 설레었다. 영화 <대부>의 본고장으로 알려진 곳이기에 그냥 무작정 왠지 멋질 것 같은. 영화에서는 마이클이 시칠리로 가서 순진한 처녀를 만나 결혼하는데 그녀가 그를 겨냥한 자동차 폭발로 사망하는 비극이 발생한다. 그래서 더 인상 깊었던 곳이다.

그런데 영화가 주는 여운으로 그 장소를 그렇게 알고 받아들이면 상당한 오류가 발생할 수 있다. <대부>에서 조직은 패밀리로 유지되었으며 그들은 스스로 '명예'를 가장 존귀하게 여기므로 일개 조폭이나 양아치 집단으로 보이진 않지만, 그렇다고 그들의 잔인한 폭력성이 미화될 순 없다는 것처럼.

'흰 대리석'이라는 뜻의 시칠리섬은 지중해 최대의 크기다. 제주도보다 14배나 크니 시칠리아를 다 둘러보려면 적어도 일주일 혹은 열흘은 잡아야 할 것이다. 나는 시칠리아의 여러 지역 중 메시나라는 항구를 하루 방문했으니 한 귀퉁이만 보고 온 셈이다. 메시나는 30킬로미터가 넘는 해변이 섬 주위로 아름답게 뻗어 있다.

아직도 연기를 내뿜고 있는 활화산인 에트나산이 있는데 18~19세기에 큰 지진이 두 차례나 발생했으며, 1908년에는 강도 7 이상의 대

▶ 13세기 산타 마리아 델리 알레만니 교회
▶ 중세스런 붉은 건물이 영화 속 장면 시칠리 같다.
▶ 메시나 대성당 옆 시계탑은 달, 해의 움직임까지 정확히 알려주는 것으로 유명하다.
▶ 메시나 대성당 내부
▶ 아기 예수 성상. 성당이 아주 크고 금 장식이 많아 마피아들이 큰돈 기부를 많이 했나 보다며 혼자 상상했다.

규모 지진으로 당시 인구의 거의 절반인 7만 명이 사망했다. 그 이후 주민들은 이탈리아 다른 도시나 미국으로 이주를 했다는 슬픈 역사가 있는데, 영화 <대부>의 시칠리아 출신 이민자들의 내용과도 오버랩되었다.

크루즈 단상

크루즈를 타고 지중해 구석구석을 기항지 투어로 돌아보고 선상에서도 즐거운 시간, 편안한 시간을 누렸다.

크루즈 여행 21일간 하고 나니 크루즈가 지구와 흡사하다는 생각을 하게 된다. 배가 커서 움직이는 걸 잘 못 느끼는 것도 우리가 공중에 떠 있는 지구라는 큰 배(Spaceship)를 타고도 매일 지구가 돌고 있는 자전을 못 느끼는 것과 비슷하다. 그저 해가 뜨고 지는 걸로 자전을, 사계절의 변화로 공전을 머리로 알 뿐이다. 크루즈는 바다 위를, 지구는 우주 공간에 떠서 유유히 항해한다. 배 위에서 모든 걸 할 수 있다. 먹고 자고 배설하고 씻고 놀다가 원하면 내려서 여행을 하는 것도 지구와 비슷하다.

때가 되면 크루즈 기항지 투어처럼 우주여행을 하는 날도 온다 하니 꿈을 꿔 본다. 크루즈를 타면 모든 걸 편히 누리듯 지구란 별에서도 땅, 바다, 하늘에 있는 온갖 것으로 우릴 먹이고 물과 햇빛 필요한 모든 것을 공급하며 두루 보살핌을 받는다. 지구별 여행에서 내릴 때까지~!

내가 늘 지키는 원칙이지만, 여행하면서 특히 배 위에서는 더욱 물도 전기도 아끼려 노력했다.

▶ 가족이 함께 여행 와서 기념으로 사진을 찍는 모습이 보기 좋았다.

▶ 기항지 투어가 없는 날은 온종일 배 안에서 산책하고 낮잠 자고, 저녁 먹고 쇼 보기

▶ 밤 열두 시까지 열린 노래자랑 대회. 잘 불러서 듣기 좋고 못 불러서 웃기는 팀들로 모두가 즐거웠다. 우리나라 전국노래자랑 같이 흥겹다.

▶ 내게는 늘 차고 넘치는 식단이었다. 3주 동안 훈제 연어와 자주색 양파에 푹 빠졌다.

▶ 크루즈에서 드레스 입은 날

▶ 멋진 노년 커플, 춤도 잘 추었다. 건강과 활력이 넘치는 좋은 롤 모델이다.

▶ 퀴즈쇼도 재밌었다. 다들 생각이 비슷해서 빵 터졌다. 투명인간이 되면 하고 싶은 일, 나체로 돌아다니기. 직장에서 조퇴하면서 하는 가장 많은 핑겟거리는 장모님 돌아가셨다 또는 아프다.

▶ 승객과 승무원 대결 게임도 종종 했다.

▶ 양동이 들고 오래 견디기, 나중에 알고 보니 여자팀은 물을 반만 채우고 했다.

▶ 언제나 말끔히 정리된 수영장 타월. 적게 쓰려 노력했지만 두세 개 쓴 날도 있었다. 배 위에서는 물을 아끼려 해도 한계가 있었다.
▶ 누군가의 수고로 내가 편하게 즐길 수 있다! 늘 감사하는 마음이다.
▶ 선상의 수영장 즐기기

내 영혼이 고향별로 돌아갈 때까지 이렇게 우리 지구별 여행에서도 지구를 아끼고 보호하며 살다 가려 한다. 21일간의 여행을 마치고 크루즈에서 내리듯 언젠가는 이 지구별에서 내릴 것이다. 그때까지 황금보다 비싼 지금으로 현재를 살며 '현존'하기, 그리고 시간은 개념일 뿐 어차피 없다라고 보며 '항상 여기'를 살다 가려 한다.

시간은 없다. 고로 지금 내가 있는 이 공간에서 부분적인 내가 아닌 전일적 나로 살다가려 한다. 그래서 같은 말 다른 표현이겠지만 지금 여기 'Here and Now'에서 항상 여기 'Always Here'로 바꾸었다. 이것은 공간이동을 하는 여행을 하면 할수록 더 분명해져간다.

PART 5

신비하고 애틋한 모로코

마라케시 … 테투안 … 쉐프샤오엔 … 탕헤르

모로코의 심장 마라케시

모로코 마라케시 공항에 내리자마자 훅 하는 공기가 벌써 다르다. 건조한 열기가 처음 이 여행을 시작한 이집트가 생각나게 했다.

메디나(medina, 구시가지)까지 택시를 타고 와 숙소 근처 대로에 내리니 직원이 마중을 나와 있었다. 마라케시에서는 모로코 전통 가옥인 리아드(riad) 숙소를 골랐다. 한참을 복잡한 시장통을 지나 다시 골목길로 접어들어 미로 같은 길을 계속 걸어 들어갔다. 폐소공포증이 있는 나는 벌써 숨이 막힐 것 같았다. '아, 어쩌나? 숙소 어플에서 사진만 보고 모로코스러움에 매혹되어 예약했는데….' 한참을 가다 골목 맨 끝에 사진에서 본 숙소가 보였다.

알고 보니 메디나는 중세 시절에 조성된 주거지라 길이 좁고 복잡해 차가 못 들어간다. 이곳에는 주로 흙으로 지은 리아드들이 천 년 넘게 보존되어 있어 관광객들을 끌어모은다. 내가 묵는 숙소가 있는 골목 안에도 리아드를 이용한 숙소가 대여섯 개나 있다.

숙소에 도착해 중정 안뜰로 하늘을 보니 숨통이 트였다. 사진에서 본 대로 방도 예쁘고 직원들이 다 친절하다. 유심카드도 구입하고 환전도 할 겸 직원과 함께 길을 나섰는데 이것저것 안내를 해주니 조금 길눈이 트인다. 옆에서 보기에 두리번거리는 내가 불안해 보였는지

▶ 점심 먹고 달달한 현지 디저트를 사 와서 숙소에서 먹었다. 실처럼 생긴 과자 모양도 신기하다.
▶ 쿠스쿠스 다음으로 유명한 모로코 요리 타진. 양고기와 채소를 함께 익혀 맛있다.
▶ 민트를 섞어 넣은 차. 설탕을 넣으면 달달해서 좋고 아니어도 좋다.

직원은 정말 안전한 곳이니 아무 염려 안 해도 된다며 나를 거듭 안심시켰다. 그의 말을 들으니 왠지 안전해 보였다. 두려움이란 알지 못하는 그 상태, 무지에서 나오는 것임을 다시 깨닫는 순간이었다.

숙소로 돌아와 뜨거운 모로코 차를 한잔 마시니 온갖 시름이 다 사라지는 듯했다. 한숨 푹 자고 나니 여독이 풀렸다. 들어올 때 본 수크 (재래시장, 마라케시에는 수크가 18개나 있다)가 궁금해 나가 보고 싶은데, 미로 같은 골목에서 길을 잃을까 봐 나갈 엄두가 나지 않았다.

그래도 그냥 있기엔 답답해, 직원에게 마사지나 한번 받아보려 한다니 직접 데려다 주겠단다. 마사지숍까지 가는 동안 마라케시의 랜드마크 쿠투비아 모스크와 유명한 제마 엘프나 광장을 지나갔다. 사실 이 두 곳은 마라케시 볼거리 넘버 원투다. 12세기에 지어진 쿠투비아 모스크는 이슬람 3대 사원인데, 높이가 77미터다. '마라케시의 에펠탑'이라고도 부른다. 제마 엘프나 광장은 수세기 전부터 있어 온 아프리카에서 가장 번화하고 널찍한 광장이다.

오후 6시가 넘었는데도 도로에서는 열기가 확확 올라오고 온갖 소음으로 정신이 없었다. 특히나 피리 부는 소리가 유난히 요란했다. 코브라가 더워서 자는지 움직이질 않으니 모자로 툭툭 치면서 피리를 계속 불어 댔다. 원숭이를 데리고 다니며 눈길을 끄는 사람도 있는데, 원숭이도 더위에 지쳤는지 기운이 없어 보였다.

시끌벅적한 광장을 지나 다시 좁은 길로 들어가 마사지숍에 도착했다. 이슬람 사람들은 함맘(hammam)이라는 목욕탕을 애용하는데, 따뜻한 대리석 바닥에 앉아 온몸에 뜨거운 물을 끼얹어 가며 땀을 흘린 다음 때를 미는 이슬람 전통 목욕 방식이다. 욕조에 몸을 담그지 않는 것만 빼면 우리나라 대중탕과 비슷하다.

그동안 샤워를 매일 하긴 했지만, 넉 달 동안 여행하며 쌓인 때가 제대로 한 꺼풀 벗겨진 느낌이었다. 목욕 후 한 시간 넘게 오일 마사지를 받고 뜨거운 민트차를 마시니 온 세상이 평온해졌다. 그간 먹여주고 재워주기야 했지만 내 마음대로 끌고 다니며 때론 무리를 준 내 몸에 대한 보상이라 생각하니 마사지숍에서 쓴 6만 원이 전혀 아깝지 않았다. 숙소로 돌아오는 길, 제법 어둑해진 거리에 남은 열기는 있어도 땀 흘리며 노폐물을 내보내서인지 날아갈 듯 가볍고 상쾌했다.

제마 엘프나 광장은 밤물결 인파로 더욱 출렁였다. 히잡 쓴 여인들은 밤 마실 나온 듯 편안해 보였고, 곳곳에서 외국인 관광객이 눈에 띄었다. 특히 프랑스인이 많이 보였다. 모로코는 1912년 프랑스의 보호령으로 있다 1956년 독립했다. 모로코의 여러 도시 중 특히나 마라케시는 중세 유적과 건물이 많아 관광 도시로 급속히 발전했다. 1960~1970년대에는 전 세계 음악가, 예술가, 영화감독들이 모여들

▶ 쿠투비아 모스크 ▶ 모로코 국기와 왕자 사진
▶ 다기 세트를 사고 싶었으나 마음을 비웠다. 여행을 하며 최소한의 짐으로도 행복할 수 있다는 걸 배웠다.

어 이곳은 '히피의 메카'가 되었다.

군데군데 둥그렇게 원을 그린 무리 속에서 전통 음악을 연주하며 노래하는 모로코인들이 밤의 광장을 달구며 활기차면서도 신비한 분위기를 만들어냈다. 광장 구경을 하다 출출해서 녹두와 콩을 갈아 넣은 수프 같은 걸 먹었는데 맛있었다. 먹고 나서 가격을 물으니 우리 돈 500원이란다. 싸도 너무 싸다. 마라케시는 모로코 최대 관광도시라 레스토랑 음식과 길거리 음식의 가격 차이가 크다.

쿠투비아 모스크 앞에는 마차들이 즐비하고, 차가 정신없이 달리는 도로 옆으로 별이 그려진 붉은 국기들이 휘날린다. 그런데 어떤 사진 앞에 사람들이 모여 있어 누구냐 물어보니 모로코 왕자란다. 아, 모로코가 왕국이었구나라는 사실을 순간 깨달았다.

이브 생로랑의 안식처, 마조렐 정원

프랑스 화가 자크 마조렐이 선인장 부지를 사서 만든 아름다운 마조렐 정원을 보러 아침 일찍 나섰다. 그런데 처음부터 방향을 잘못 잡고 걷다 엉뚱한 곳에 도착했다. 지나가는 할아버지에게 물으니 택시를 타고 가라는데, 2.2킬로미터라 택시 타기에는 왠지 억울해서 걸어보기로 했다.

화살 같은 햇살을 총알 피하듯 살살 그늘만 찾아 걸었는데 얼굴이 땀 범벅이었다. 간신히 도착했는데 티켓 사는 줄이 수십 미터라 뙤약볕에서 한참을 기다렸다. 입구에 들어서니 시원한 대나무숲이 보여 대나무 그늘 아래 벤치에 앉아 땀을 식힌 다음, 파란색이 유난히 돋보이는 정원을 둘러보았다.

근처에 이브 생로랑 뮤지엄이 있는데 그날은 문이 닫혀 보지 못했다. 여성용 정장 바지를 처음으로 디자인해 여성에게 자유를 가져다준 우아한 디자이너 이브 생로랑. 그는 프랑스 식민지였던 알제리 태생의 삐에 노와(Pied Noir, 검은 발이란 뜻으로 프랑스 식민지 태생을 일컫는다)이다. 마라케시를 너무나 사랑한 그는 자크 마조렐이 죽은 뒤 1980년대에 그의 사업 파트너이자 연인이었던 피에르 베르제와 이 정원을 사들여 관리하고 마조렐 정원에 묻히길 원했다. 그래서 이곳

▶ 마조렐 정원에 들어서면 보이는 시원한 대나무 그늘
▶ 정원에서부터 녹색과 푸른색의 시원한 색감이 펼쳐진다.
▶ 각종 선인장과 야자수들이 가득하다.

엔 두 사람의 무덤이 있다.

이브 생로랑 뮤지엄을 못 본 대신 마조렐 정원 안에 있는 베르베르 뮤지엄에 갔다. 사막의 용사였던 베르베르족은 오늘날 주로 알제리, 모로코, 튀니지, 이집트 등에 퍼져 살고 있다. 사진 촬영은 불가였다. 밤하늘의 별이 연상되는 천장이 있고, 그 아래 천막 같은 신비한 방에서 전통 옷을 입은 여인들이 각종 장신구를 주렁주렁 달고 있는 전시품들이 아주 인상적이었다. 마치 봉한 샘, 비밀의 우물처럼 여인들은 사막의 텐트 속에서 저렇게나 아름답게 치장하고 감춰진 보물로 있었단 말인가.

마조렐 정원 카페 레스토랑에서 점심을 먹고 좀 쉬고 나오니, 갈 때 뙤약볕 행진으로 이미 지친 탓인지 너무 더워서 모든 게 귀찮았다. 그래서 부르는 대로 값을 주고 비싼 택시를 타고 숙소로 귀환했다.

숙소의 작은 수영장에 몸을 담그니 또 다른 세상이다. 사막 횡단도 하는 나라에 와서 나도 한번 걸어보자고 작심하고 두어 시간 걸어

▶ 모로코식 모자들 ▶ 달팽이 요리와 모듬꼬치 바비큐
▶ 작은 수영장은 열사의 나라 더위로부터 나를 해방시켜 주었다. 잠시만 들어가도 더위 끝!
▶ 방에 파리가 들어와 파리채를 달라 했더니 이런 걸 갖다 주었다!

보니 결코 쉬운 일이 아니었다. 수영장에서 열을 식히니 좀전의 뙤약별 행진이 오늘이 아니라 벌써 아득한 일로 여겨지니, 그것도 참 우습다.

이곳 사람들은 더위에 강해서 그런지 뜨거운 것도 잘 참는 모양이다. 나는 뜨거워서 손도 못 대는 찻잔을 자기들은 맨손으로도 아무렇지 않게 잘 잡고 마신다. 내겐 냅킨으로 감싸 건네준다.

어딜 가나 좋은 사람, 덜 좋은 사람, 나쁜 사람이 있게 마련이지만 전반적으로 아랍 사람들은 얼굴에 패인 주름 깊이만큼이나 인내심이 있어 보인다. 그래서 이곳 사람들은 눈매가 깊다. 사막이 대부분인 나라에 사는 사람들이니 당연한 것인지도 모르겠다.

메디나 골목 미로에서 길을 잃다

전날 마조렐 정원에서 사막의 용사였던 베르베르족에 대한 영상과 전시를 보고 나니 베르베르족에 대한 호기심이 생겨 박물관을 찾아나섰다. 구글에 주소를 찍으니 숙소에서 가까운 거리다. 그런데 미로 같은 수크 골목길에서는 구글 지도가 안 통한다.

이 사람 저 사람에게 가는 길을 물으니 여긴 박물관이 하도 많아서 어느 곳인지 확실하게 말하라고 한다. 그러다 한 분이, 짐수레 끄는 할아버지가 그 근처로 가니 따라 가라고 했다. 그런데 할아버지가 데려간 곳은 엉뚱한 박물관이었다. 조금 당혹스럽긴 했지만 이곳도

▶ 수크 골목길 카페 ▶ 베르베르 장식이 달린 신발을 한 켤레 사 신었다.
▶ 짐수레 끄는 할아버지를 따라 박물관을 찾아나섰다. ▶ 마라케시 박물관의 중정이 아름답다.

나쁘진 않았다. 한 부부가 마라케시와 관련한 도자기와 각종 미술품을 기증하여 만든 마라케시 박물관이었는데, 미술 작품에서 이곳 사람들의 마음과 혼이 느껴졌다.

그리고 박물관 건물이 매우 섬세하고 아름다웠다. 정교함은 아랍 건축 양식에서 가장 돋보이는 특징이다. 작은 나뭇조각을 하나하나 만들고 끼워가는 그 시간이 정성과 인내의 결정체로 보인다. 대리석으로 만들어진 유럽 성당과 성이 지닌 웅장미와는 또 다른 아름다움이다. 아랍 사람들은 외적으론 백인 골격을 갖고 있으나 내적으론 동양인 특유의 강한 인내심과 내면 깊숙이 뜨거운 용기와 열정을 갖고 있으니 어떻게 보면 그들 자체가 동서양의 조화로운 합작품 같다.

마라케시 박물관에서 나오는데, 여긴 꼭 봐야 한다며 어떤 사람이 말을 걸어왔다. 입구를 보니 코란 학교다. 5유로를 입장료로 내고 들어가 보니 건물이 상당히 크다. 중정에 네모난 작은 연못이 있고, 2층에는 교실과 회의실, 그리고 부모들이 아이를 보러 오면 머무는 작은 방들이 있었다. 방 안에는 겨우 한 사람이 들어갈 정도의 협소한 또

▶ 코란 학교 입구 ▶ 아라베스크 문양이 정교하다.
▶ 나무가 아니라 천으로 만든 레이스처럼 보이는 장식들

▶ 미로 같은 골목길을 여기저기 헤매다 만난 가죽 공예 가게들

다른 방이 있었는데 기도실 같았다. 신을 만나기 위해서는 정말 고요만 있는 저런 밀실이 필요한 게 아닐까 하는 생각이 들었다.

코란 학교를 나와 처음 가려던 곳으로 가보려고 구글 지도를 켰는데 더위 탓인지 폰도 멈춰 있었다. 사람들에게 물어물어 찾아가다가 결국 길을 완전히 잃어버렸다. 좁은 골목길을 몇 번이나 돌았지만 도대체 메디나 골목은 종잡을 수가 없었다.

마라케시의 가죽 공예는 세계적으로 유명한데, 가죽 공방 골목까지 들어가는 바람에 의도치 않게 가죽을 직접 다듬고 만드는 걸 구경하게 되었다. 오토바이 한 대가 겨우 통과할 정도로 길이 좁고 작업 환경도 열악했다. 그런 곳에서도 열심히 작업을 하고, 한쪽에서는 사람들이 모여 체스를 두고 있었다. 얼굴은 초췌해 보여도 권태롭다기보다는 뭔가 살아 있는 느낌, 시장 특유의 활력이 느껴졌다.

그렇게 골목골목 돌아다니다 목도 마르고 폰 배터리도 다 되어가 목적지를 숙소로 바꾸었다. 얼른 가서 충전하고 수영장에서 열기를 식히고 쉬고 싶어 대로로 나오려는데, 여행객은 한 명도 안 보이고 현지인만 보이는 더 깊숙한 미로 속으로 들어가버렸다.

어느 새 기도 시간이 되었는지 일하다 말고 모스크로 가서 기도하는 사람들이 보인다. 숙소 직원 스마일도 새벽 5시면 가까운 모스크로 가서 기도를 한다. 대단한 종교적 실행이자 실천이다. 무슬림의 5대 의무는 성지 순례, 하루 다섯 번의 기도, 한 달 라마단, 가난한 자에게 기부하기, 손님 환대 등이다. 내겐 한 달 낮 동안 금식해야 하는 라마단보다 매일 하는 다섯 번의 기도가 더 어려워 보인다. 신인합일, 각자 내면에 있는 신과 하나되는 것이 굳이 정해진 장소와 시간에 함께 모여서 할 일인지도 모르겠다. 수행만 하는 사람도 아니고, 일상의 삶터에서 그게 쉬운 일도 아니고 합리적이지도 않다.

모로코는 알쏭달쏭 재밌기도 하고, 신비스럽고 매혹적인 나라다. 어느 한 부분만 보고 한 나라에 대해 이렇다 저렇다 말하기는 어렵지만, 여행을 하면 할수록 나의 생각과 마음이 더 열려간다. 한 개인도 복잡한데, 각 나라의 유구한 역사와 문화를 며칠 잠시 보고 어찌 이해한다 할 수 있으랴.

오늘 내가 길을 물은 횟수는 스무 번 이상인데 사람들이 하나같이 친절히 답해주었다. 그런데 폰만 쳐다보고 있어도 'Lady, How can I help you?' 하며 먼저 말을 걸어오니 과유불급인 면도 있다. 그중에는 얕은 상술로 호객하려는 경우도 있었지만, 진심으로 도와주려는 사람이 더 많았다. 이방인을 도와주는 것은 무슬림의 종교적 의무인 '손님 환대'에 속하기 때문이다.

사람들의 도움으로 겨우 미로를 빠져나와 숙소가 있는 골목 입구로 들어서니 세상에 그런 평화가 없었다. 첫날 골목 입구에 들어설 때는 '이번 숙소는 망했다!'였는데 오늘 그보다 더 복잡한 거리를 헤매다 돌아오니 그 골목이 그리 반가울 수가 없었다. 완전 평화의 무

▶ 미로 같은 골목길. 좌회전 우회전을 너덧 번 하고 나서 골목 맨 끝집이 숙소다.
▶ 길을 헤매고 오니 더욱 반가웠던 숙소 입구
▶ 달달한 간식과 모로코 차 한 잔에 하루의 피로가 가셨다.

풍지대다!

차가 들어올 수 없는 좁은 골목길에서 가장 힘든 것은 오토바이 굉음이었다. 독일 병사 헬멧 같은 걸 쓰고 전차부대 같은 굉음을 내며 좁은 골목마다 오토바이들이 내달린다. 첫날은 오토바이 퍽치기가 생각나서 잔뜩 쫄았는데, 다행히 골목마다 아주머니들, 아이들, 그리고 여행객들로 가득해서 안심이었다.

오늘 하루 메디나 거리를 리얼 체험하고 무사히 돌아온 것만으로도 안도의 웃음이 지어졌다. 중정 뜰에 있는 수영장에 몸을 담그니 시원함과 고요함이 마치 천국 같아서 좀 전의 거리를 헤매고 다녔던 시간이 또 반세기 전 일처럼 아득해졌다.

마라케시를 더듬고 느끼는 시간

모로코에는 수도 라바트가 있고, 경제 도시인 카사블랑카, 유적 도시인 페즈가 있지만, 중세시대부터 20세기 초까지 모로코 왕국의 수도였던 마라케시는 모로코 역사와 문화에 있어서 심장과도 같은 곳이다. 마라케시는 베르베르어로 '신의 땅'을 의미한다. 또한 '붉은 도시', '사막의 딸' 등 다양한 별명으로도 불렸다.

제마 엘프나 광장에서 듣는 노래랑 갖가지 공연도 처음 몇 번은 새로워서 즐거웠는데 슬슬 지루해지고 수크 구경하는 것도 시들해질 무렵 박물관들을 찾아가 보았다. 거기서 고요히 엄선된 거 감상하며 신의 땅 마라케시를 더듬고 느껴 보는 시간을 가졌다.

남성 우위의 나라에서 웬 여성 박물관?

우선 이름만으로도 궁금증을 불러일으키는 박물관, 여성 박물관에 가 보았다. 세상에 남성 박물관은 없는 것만 봐도 아직도 여성을 동등한 개체성 인간으로 보지 않는 사회가 많다는 뜻이리라. 미국 같은 나라도 여성 참정권의 역사가 짧은데 무슬림 여성들의 지위와 역할은 어떠했을까. 그들도 남성들과 함께 모로코 독립운동을 했고, 여성 파일럿도 우주 비행사도 비즈니스 우먼도 있고, 예술가도 있긴 하

▶ 모로코 전통 통짜옷, 시원해서 여름엔 적격이다.
▶ 히잡을 쓰고 있지 않은 여성들

다. 그런데 박물관에 전시된 모로코 여성들의 사진을 보니 의외로 히잡을 안 쓰고 있었다. 마치 구한말 비녀 쪽진 머리 버리고 먼저 머리를 잘랐던 우리나라 신여성들처럼.

문화는 기후, 환경과 역사의 시대적 산물이다. 이곳에서 열기를 느끼며 걸어보면 정말 머리를 덮고 사막의 모래바람을 피하기 위해 눈만 내놓고 있는 게 맞다 싶다. 그래서 이런 열사의 나라에서는 눈만 내놓고 통짜옷을 입는 것이 진짜 편하고 시원하다.

그러나 문제는 그럴 필요가 없는 곳에서도 철저히 고수하도록 하는 것이다. 마치 옷을 벗어야 하는 목욕탕에서 옷을 다 입고 씻으란 소리 같으니 말이다. 모로코 바닷가에서 보니 이곳 여인들은 래시가드 같은 검은 수영복으로 온몸을 감싸고 있었다. 모든 게 적당하고 합리적이어야 수용하기도 편하다. 그래서 히잡 나라에서 여인들을 보면 안타까움이 느껴질 때가 많다.

마라케시는 박동하는 북

뮤직 박물관에는 아프리카 음악과 모로코 음악이 동영상과 사진, 실물 악기 등으로 전시되어 있었다. 기타와 바이올린이 서양에서 온 것 같지만 아프리카에서 온 것일 수도 있지 않을까 하는 생각이 들었다. 북소리에 맞춰 춤추는 아프리카인들을 보면 그들 안에 원래부터 숨쉬고 있는 원초적인 음악성과 리듬감이 느껴진다. 누군가는 마라케시를 '박동하는 북'에 비유하기도 했다. 그래서 제마 엘프나 광장에서 그렇게 북소리가 요란했는지도 모르겠다. 밤마다 그곳은 둥둥 북소리가 심장의 박동 같은 울림으로 멀리 사막까지 울려 퍼지는 듯했다.

모로코 음악 중 신에게 기도하고 찬송하는 노래가 아주 강렬한데, 청중들도 함께 집단적으로 취하듯, 공명하는 모습이 유별나다. 모든 음악은 장르를 불문하고 사람들을 한 파동 안으로 들어가게 하는 강력한 힘이 있다.

28명의 여인들을 위한 궁전

인터넷에서 마라케시를 검색하니 가볼 만한 곳 2위로 바히아 궁전이 떴다. 19세기에 흑인 노예 출신 술탄이 4명의 부인과 24명의 후궁들을 위해 지었다고 한다. 제마 엘프나 광장에서 걸어서 25분 정도인데 또 뙤약볕 행군을 했다.

입장료가 70디람이다. 7유로(우리 돈으로는 9,000원가량)인 셈인데 이 나라 물가로는 말도 안 되는 가격이다. 몇 년 만에 7배나 올랐고 현지인은 여전히 10디람이다. 여기까지 걸어왔으니 하는 수 없이 들어갔지만, 비싼 입장료 대비 크게 볼거리가 없었다. 먼저 본 마라케시 박물관이나 코란 학교보다 건물이 좀 더 오래되었다 뿐이지 더 나은 것도 없고, 중정도 마조렐 정원에 못 미쳤다. 입장료가 아까웠다.

▶ 바히아 궁전 회랑 ▶ 비밀의 정원 입구 ▶ 정원 한가운데가 큰 파라솔로 덮여 있어 시원하게 쉴 수 있게끔 되어 있다.

비밀의 정원

숙소로 돌아오는 길에 '비밀의 정원'이란 곳이 있기에 뭐가 있으려나 궁금해서 입장료를 8유로나 주고 들어가 보았다. 이름과 달리 전혀 비밀스럽진 않은데, 페르시아 영향을 받은 샘이 인상적이었다. 물이 귀한 나라에서 방에도 이런 퐁퐁 물이 솟는 샘을 만든 것은 아랍식 전통이요 특색이다.

모로코의 심장 도시 마라케시를 대충 둘러봤다. 한곳에 오래 못 있는 나는 진짜 역마살이 있나 보다. 도착 시 흥분과 설렘 가득, 호기심 폭발 같은 약발이 일주일을 못 간다. 한 군데 오래 있으면 더 편할 텐데 또 떠나야 한다는 일종의 강박으로 다시 길을 재촉한다.

어차피 세계를 한 번 다 둘러보기 전에는 읽다 만 책처럼 여겨져, 떠나 온 여정이니 가는 데까지 가보리라 하며 오늘도 새벽부터 나서서 공항으로 간다. 또 어딘가로 가보려고.

3개 국어는 기본인 테투안 사람들

마라케시에서 비행기를 타고 좀 우회하여 테투안에 왔다. 나중에 갈 쉐프샤오엔과 탕헤르가 테투안에서 가깝다는 게 가장 큰 이유였다. 마라케시가 붉은 사암 건물이 많아 '붉은 도시'였다면, 테투안은 '하얀 비둘기'라는 별명답게 건물과 골목도 흰색이라 마라케시보다 더 밝다. 굉음의 오토바이도 없어 조용하다.

숙소 주인이 해준 설명이 너무 장황해(광장에 있는 'Dar Tair' 건물을 찾은 다음 새가 있는 출구로 들어오라고 했다) 숙소를 못 찾을까 봐 걱정했는데 전혀 아니었다. 택시 기사도 새의 집 'Dar Tair'라고 하니 금세 알아들었다. 건물 앞에 도착하니 택시 기사와 통화한 주인아저씨가 기다리고 있었다. 건물 꼭대기에 불사조 같은 새 위에 건장한 남자가 올라타 있는 조각상이 보였다. 주인이 설명하는 말이 장황해서 의아했는데 와 보니 정말 그럴 만했다.

이번 숙소는 홈스테이식이라 정말 오랜만에 가족적인 분위기다. 조식은 포함되어 있었고 저녁은 아니었는데 초대를 해줘서 한 번 같이 먹었다. 그런데 다음날 저녁도 같이 먹자 해서 시장에서 배불리 먹고 와서 괜찮다며 안 먹었는데 그다음 날 낮에 전날 저녁 안 먹은 내 몫이라며 가져다줬다. 저녁식사는 애당초 기대도 안 했는데 자꾸 자

▶ 메디나 좁은 골목도 다 하얀색이다.
▶ 낡은 건물이지만 깨끗하게 칠한 하얀 벽과 초록 화분이 잘 어우러져 시원해 보인다.
▶ 가정집인 듯한데 웬 빨래가 이리 많은지. 빨래를 도맡아 해주는 세탁 전문집인지 모르겠다.

기들 밥 먹는 시간에 내가 신경 쓰이는지 나를 부른다. 동양스럽다고 해야 할까, 마치 정 문화 같은. 좀 당황스럽기도 한데 그렇다고 딱 잘라 말하기도 뭣하다. 매번 거절하자니 그것도 예의가 아닌 것 같고.

그날 시장에서 먹은 갓 튀긴 생선튀김이 너무 맛있었다. 게다가 가격까지 쌌다. 콜라랑 같이 먹었는데 우리 돈 2,500원 정도였다. 런던에서 피시앤칩스 먹고 체했던 기억, 포르투갈에서 생선 먹으며 싸다고 좋아했던 생각을 하며 혼자 웃었다.

그리고 숙소에서 아와티프 아주머니가 해준 치킨도 정말 맛있었다. 치킨을 안 좋아해 크루즈 주방장이 해주던 그 맛나 보이던 다양한 치킨 요리도 안 먹었는데, 이것이 홈푸드의 위력인가 싶었다. 주인아저씨 무드는 72세인데 나를 어린애 취급하며 매사 조심시키고 밖에 데려다 길 찾는 연습도 시키고 여러 가지 안내를 해주었다. 홈스테이식 숙소는 이곳이 처음인데 이래저래 장점이 많은 것 같다.

내일을 생각하면 분명 고민되는 일도 있으나 오늘만 생각하며 지

▶ 일명 버드 하우스(새의 집). 건물 3층에 숙소가 있다.
▶ 숙소 건물 바로 옆에 있는 로열 팰리스 광장. 사람들이 그늘에 앉아 쉬는 곳이기도 하다.
▶ 현재 국왕은 수도 라바트 왕궁에 있고 이곳 왕궁은 비어 있다.

금 있는 이곳에 집중하고 만족하려 한다. 지금 내가 머무르는 이곳을 보고 느끼는 것이 먼저니 자연스레 앞의 것들은 내려놓게 된다. 이미 지나온 시간도 마찬가지다. 매일 바뀌는 새로운 풍경 앞에 자연스레 사라져버린다. 여행을 하다 보면 미래에 대한 불안, 과거에 대한 후회 없이 지금 여기 '현존(現存)'이 절로 된다.

테투안은 마라케시에 비해 관광객이 많지 않다. 매년 이 숙소에 묵는다는 스페인 청년 하비에르처럼 테투안 마니아들이 찾아오는 듯하다. 하비에르는 런던에서 스페인어를 가르치며 십 년째 여기로 여름휴가를 와서 모로코어를 배우고 있다. 테투안 사람들은 다들 프랑스어와 스페인어 둘 다 잘한다. 프랑스와 스페인의 지배를 받았던 역사가 있는 데다 지금도 살아가는 데 여러모로 필요하기 때문이다. 젊은이들이나 지식인들은 영어도 구사한다. 주인집 아들 예신도 영어까지 4개 국어에 능통하다. 주인 부부는 영어는 못해도 프랑스어는 가능해 덕분에 나도 오랜만에 녹슨 프랑스어를 사용해보았다. 언

▶ 마르틸 비치 앞

▶ 히잡 쓴 여인네들이 해변의 도로를 너풀거리며 걸어간다.

▶ 도넛 같은 빵을 머리에 이고 다니며 팔고 있다.

어는 습관이라 안 쓰면 막힌다. 그동안 영어로만 얘기하다 버벅거리며 프랑스어를 하니 어린애가 된 것마냥 우습고 재밌었다.

테투안에 도착한 날부터 주인아저씨는 내게 '비치는 언제 갈 거냐'라고 물어봤다. 마르틸은 고운 모래와 엄청 긴 비치로 사시사철 관광객으로 붐비는 곳이란다. 그래서 주인집 아들 예신이 친구들이랑 가는 날 나도 같이 따라붙었다.

예신이랑 친구들은 다 내 아들 또래다. 어찌나 활기가 넘치는지 잠시도 입을 쉬지 않는다. 스페인 2명, 이탈리아 1명, 모로코 1명인데 나 때문에 영어로 말하다가도 내가 빠지면 스페인어로 수다 떨기 바쁘다. 그러다 내가 가까이 가는 순간 다시 영어로 전환된다. 젊은 이들의 매너와 배려심이 놀랍다. 젊다고 미성숙한 것도 아니고, 나이가 많다고 성숙한 것도 아니란 사실을 새삼 확인한다.

역사의 시간줄을 꿰면 사람이 더 잘 보인다

테투안이 소도시이긴 하나 박물관을 안 보고 가면 뭔가 허전할 것 같았다. 숙소 건물 입구에 쪼그리고 앉아 구글 지도를 보고 있는데, 무드 아저씨가 금요일이라서 모스크에 기도하러 간단다. 금요일이 예배일인 데에는 재밌는 이유가 있었다. 유대인이 사바 토요일을 안식일로 명하고 지내니, 기독교인들은 일요일을 주일로 정했고, 맨 나중에 생긴 이슬람교는 금요일을 예배일로 정했다고 한다.

모스크 가는 길에 박물관 한 군데 데려다주고 가라니까, 가까운 고고학 박물관에 데려다주면서 혹시라도 관광객 덤터기 쓸까 봐 입장료 등을 꼼꼼히 챙겨주었다. 입구 직원 말에 따르면, 한국인이 온 건 첨이란다. '관광 도시가 아니라서?' 쉐프샤오엔에는 그리 많이 가면서 여긴 왜 그냥 스쳐 지나가나 싶었다.

일찍이 이곳도 로마제국의 요새 도시로 건설되어서인지 당시 풍요로움을 누렸던 흔적들이 보였다. 어디서나 유물로 등장하는 그릇들과 장신구들은 기본이고, 특이하게 모자이크 유물이 많았다. 아랍의 정교함이 그대로 묻어나는 2세기의 모자이크들이 방과 정원에 그대로 설치되어 있다. 한 조각 한 조각 퍼즐처럼 완성된 모자이크를 보며 마라케시 박물관에서도 느꼈었지만 다시 한번 감탄했다.

▶ 민족 박물관 입구 ▶ 현재 민족 박물관이나 이전에는 요새로 쓰였던 곳이다.
▶ 유대인 육각형 별이 보이는 샹들리에 ▶ 유대 경전의 일부인 토라를 넣는 곳

그렇게 고고학 박물관을 보고 이번에는 민족 박물관을 보러 나섰다. 내비게이션이 수크 안 골목으로 안내했다. 지난번 마라케시 수크에서 헤매었던 기억이 오버랩되어 아! 여긴 바로 헤매라고 있는 곳인데… 하는데 역시나 몇 바퀴를 뱅뱅 돌았다.

그러다 마음에 드는 선글라스를 하나 사고 주인에게 위치를 물어보니 이렇게 저렇게 가라고 반만 맞게 가르쳐준다. 결국 수크 골목 안에서 깨알 같은 글자로 적힌 뮤지엄 화살표를 따라 도착했는데, 금요일이라 입장료가 공짜란다.

들어가니 모하메드란 젊은 직원이 하나씩 차근차근 설명을 해주었다. 사실 찾느라 헤매면서 점심을 건너뛰어 배가 고파오는데 중간에 말을 끊을 수가 없었다. 배 속은 밥 달라 아우성을 쳐도 그래도 일대일로 이렇게 성심껏 질의응답식으로 설명해주니 좋았다. 그렇게 한 시간도 넘게 설명을 듣고 나서 너무 고마워 입장료 대신 봉사료를 주었다. 박물관에서 나와서 케밥 샌드위치랑 감자튀김을 허겁지겁 폭풍 흡입했다.

▶ 메디나 입구 벽에 손을 씻고 물도 마실 수 있는 수도 장치가 달려 있다.
▶ 과일가게 문짝에 바나나가 주렁주렁 매달려 있다.
▶ 말린 견과류, 대추야자랑 자두 등이 먹음직스럽다.

박물관 투어는 이곳을 더 알게 해준 유익한 시간이었다. 모든 걸 집약해놓은 그 지역의 박물관은 필수 코스라는 걸 다시 확인했다. '모로코는 프랑스 식민지였다'가 내가 알고 있던 전부였는데, 알고 보니 스페인령도 있었다. 이곳 테투안도 스페인령이었다. 모로코가 프랑스로부터 독립하고 난 후 이 지역도 스페인으로부터 독립해 모로코 왕국에 복속되었다.

15세기 레콩키스타 이후 기독교의 종교적 탄압으로 무어인과 유대인들이 테투안으로 대거 이주해왔다. 그래서 박물관에 유대인 관련 유물들도 많았다. 그 후에도 스페인에서 무어인을 추방할 때마다 무어인들은 지리적으로 가까운 이곳으로 계속 이주해왔다. 그래서 이 도시는 겉보기의 평온함과 달리 오래전부터 유명한 '해적 소굴'이기도 했다.

피난을 온 무어인들은 이 지역을 잘 아는 점을 이용해서 스페인과 유럽에 대한 복수로 해적 활동을 했다. 출신만 아프리카지 이미 몇 세대가 스페인에 살던 무어인들을 기독교로 개종시켰다 내쫓은 스페인인들, 그리고 기독교로 개종한 사람들이라며 이들을 받아주지 않고 배에서 내리기도 전에 죽이려 했던 이곳 아랍인들 사이에서 살아남기 위한 그들의 선택이었을 것이란 생각이 든다. 그렇게 역사의 질곡 가운데 피난민들은 해적질도 하고 수공예업도 하고 농사도 지으면서 원주민들과 어우러져 살아왔다.

대충 둘러보고 지나가면 되지 남의 나라 역사는 알아서 뭐하겠냐는 생각도 들지만, 그래도 아는 만큼 보이니 개략적이나마 알고자 한다. 역사를 모르면 내가 실은 주인이면서도 종살이를 하고 있는지, 아님 내가 종이면서 주인의 땅문서를 훔쳐서 주인을 내쫓고 살고 있는지 천지분간을 못하고 살다 간다.

테투안의 역사를 알고 나니 이 도시가 더 잘 보인다. 이곳의 사람들, 특히 지금 내가 머물고 있는 숙소 주인 마인드까지도 더 잘 이해가 된다. 역시 여행은 궁극적으론 사람이니 여러모로 둘러보면서 역사의 시간줄도 꿰고 하니 사람이 더 잘 보인다.

낯선 곳에서 내 집 같은 편안함을 느끼다

아리스토텔레스는 "변화가 없다면 시간은 없다"고 했고, 불교는 변하지 않는 것은 없다며 '무상'이란 한마디로 일축했다. 정말 변하지 않는 것은 없다라는 그 사실만이 변하지 않는 진리다. '모르던 곳에 와서 머물러 본 후 나의 생각은 어떻게 달라졌나?' 시간은 단지 우리의 성장과 변화를 위해 설정해 놓은 것이라 믿기에 스스로 혼자 되물어본다.

낯선 곳에 와서 일주일을 묵으면서 충분한 휴식을 누렸다. 휴식(休息)이란 말은 사람이 나무에 기대어 그 그늘에서 깊이 숨 쉬는 것이다. 그러니 나도 긴 여행 끝에 그리하고 있다. 이번 숙소는 홈스테이형이라서 사람이 더 가까이 잘 보여서 좋았다. 갈수록 여행은 풍경보다 사람이며, 건물보다 그를 통해 흘러간 시간들인 역사라는 걸 느낀다. 지금껏 거쳐 온 대도시는 안 가 본 곳이니 한 번은 가봐야 했기에 갔던 통과의례 같은 것이었고, 나는 원래 소도시를 좋아한다. 인구 40만 명이 안 되는 테투안은 그런 나의 취향과도 맞았다.

숙소 건물이 로열 팰리스(옛 왕궁) 바로 옆이라 수시로 로열 팰리스 광장에 나가 그늘에 앉으면 바람이 그리 시원할 수가 없었다. 분주하게 지나가는 사람들을 바라보며 그곳 카페에서 모로코 차 한잔

▶ 테투안 거리 모습
▶ 7개의 성문과 5킬로미터의 성벽에 둘러쌓인 구시가지 메디나는 마라케시에 비해 규모는 작지만 원형이 가장 잘 보존된 곳이라 유네스코 문화보존 지역이 되었다.

마시며 멍 때리기 좋았다. 육체노동을 하다 중간중간 몸을 쉬어야 하듯, 뇌도 쉴 시간이 필요하다. 멍 때림은, 끊임없이 일어나는 하루 오만 가지 생각을 잠시 스톱시키고 뇌를 쉬게 해주는 휴식이다.

히잡 쓴 여인네들은 주로 가족이랑 다니고 혼자서 이런 카페에 와 앉아 있지는 않으니 남자들만 있는 카페도 있다. 그래서 누가 봐도 여행자요 이방인인 나는 혼자 당당히 차를 시켜 마실 때 기분이 좋았다. 카페 서빙맨이 단지 나를 손님으로 대하는 것도 내가 히잡 쓰지 않은 여자, 외국인, 자유인이기 때문이다.

저녁에는 페당 광장에 나가보았다. 산 위 동네가 잘 보이는 넓은 광장이다. 그 무렵이면 아이들, 가족들, 여행객들이 바람 쐬러 몰려나온다. 바다가 멀지 않고, 산 정상 가까운 곳에 있어서 그런지 어디서나 바람이 정말 시원했다. 처음 방에 들어서면서 주인에게 '에어컨은?' 하고 물었다. 에어컨은커녕 선풍기도 보이지 않았기 때문이다. 이곳은 창을 열어두면 바람이 그리 시원할 수가 없다.

▶ 산동네가 보이는 페당 광장. 광장 가운데 파비용이 있다.

▶ 저녁에 앉으면 따뜻했던 돌 벤치

▶ 이곳 사람들은 화장을 안 하고 매장을 하므로 묘지의 크기가 도시 크기의 거의 사분의 일이다.

페당 광장 중앙에는 파비용 같은 작은 건축물이 있고, 옆에는 큰 카페가 있다. 나는 카페보다는 아랍 아주머니들 옆에 비집고 앉아 시원한 바람을 맞곤 했다. 낮동안 달궈진 따끈따근한 돌 벤치가 엉덩이를 찜질해주는 것 같아 기분도 좋고, 알아듣지는 못해도 수다 떠는 아주머니들 말소리도 좋았다.

로열 팰리스 광장이나 페당 광장이나 넓고 사람이 많아도, 공연을 하거나 관광객을 위한 물건이나 음식을 팔지 않아서 더 좋았다. 그리고 이곳은 국내 여행객들이 많이 찾는 곳이라 외국인도 드물었다. 특히나 동양인은 일주일 머무르는 동안 한 사람도 못 봤다.

주인아저씨 무드와 아주머니 아와티프는 소탈하고 시원시원한 데다 친절해 숙소가 마치 내 집같이 편안했다. 스페인, 프랑스 문화가 섞인 곳인 데다 숙박업을 하며 여러 유형의 사람을 겪었을 터이니 성격도 당연히 더 쿨한 것 같다.

아주머니는 요리를 잘하고 몸이 재빠르며 재치도 있어 순둥이 아저씨를 제압하고 산다. 물론 웃자고 하는 거지만, 아주머니가 갑자기 '입 다물어, 앉아!' 하면 72세의 아저씨는 일부러 훈련된 개처럼 꼼짝 없이 그에 따르는 것이 나를 더 웃게 만들었다. 여자들이 히잡 쓰고 몸매 가리고 그저 순종하며 사는 줄 알았는데, 할 말 다 하며 사는 이런 모습은 의외다 싶었다.

무드 아저씨 부부도 나처럼 아들만 둘이다. 같이 사는 큰 아들 예신이는 4개 국어에 능통하고 생물학 석사까지 했는데 아직 직장이 없다. 아랍어 교수인 둘째 아들은 결혼해서 아이 낳고 근처에 산다.

예신이가 '마마' 하고 부르는 소리에 나는 방에서 몇 번이나 깜짝 깜짝 놀랐다. 우리 아들이 나를 부르는 소리와 너무 흡사했다. 엄마와 마마는 m 소리가 들어가고 아빠와 파파는 p나 f 소리가 들어가니, 일찍이 인류의 언어는 한 언어에서 출발했을 수도 있다.

새벽 5시, 긴 복도를 따라 오밀조밀 방이 많은데 누군가 코고는 소리가 나지막이 들렸다. 열어둔 창으로 벌써 하루를 준비하는 사람들의 분주한 모습이 보이고, 새들이 지저귀는 소리가 들렸다.

마지막 날 아침, 괜히 아쉬울 것 같아 로열 팰리스 광장과 페당 광장을 한 번 더 다녀왔다. 광장을 한 바퀴 도니 상쾌하고 좋았다. 어젯밤 군중들은 다 사라지고 청소하는 아줌마 혼자다. 바람만 어제 저녁 그대로이다. 건물 꼭대기에 불사조 피닉스가 있는 이곳에서 만난 사람들이 오랫동안 기억날 것 같다. 이 지구별에 사는 동안 모두 평화롭고 행복했으면 좋겠다.

푸른 도시 쉐프샤오엔

테투안에서 냉방이 잘되는 버스를 타고 1시간 10분 정도 가면 쉐프샤오엔에 도착한다. 도시가 온통 파란색으로 유명한 쉐프샤오엔을 흔히 '모로코의 산토리니'라 한다. 하지만 산토리니와 미코노스를 이미 갔다 온 터라 나는 별다른 호기심이 없었다. 단지 여기도 '한 번은' 하는 마음으로 가 보았다.

베르베르어로 쉐프샤오엔은 '뿔들을 보라'는 뜻이다. 해발고도 660미터 위치에 있는 이곳은 예전부터 요새였다. 건물들도 스페인에서 이주해온 무어인들의 영향으로 스페인 안달루시아 양식과 이슬람 양식이 고루 섞여 있었다.

작은 발코니, 주홍색 기와를 얹은 지붕, 오렌지 나무가 자라는 파티오 등이 스페인 안달루시아 양식이라면, 녹색 창문과 문은 전통적인 이슬람 양식이다. 이 도시의 색깔이 블루로 바뀐 것은 1930년대에 건너온 유대인들 영향이었다. 무슬림과 유대인들의 피난처가 되면서 이렇게 아름다운 색깔의 도시를 이루게 된 것이다.

알록달록한 베르베르 장식이 달린 밀짚모자를 쓴 할머니들이 느릿느릿 걸어다니고, 이 골목 저 골목 다녀보아도 관광지라 보기엔 조용하고 한적했다. 산토리니와 미코노스가 오밀조밀한 가게들로 이

▶ 스페인 안달루시아 양식의 주황색 지붕
▶ 누가 봐도 한눈에 알 수 있는 치과 간판
▶ 이렇게 화사한 건물이 놀랍게도 감옥이란다.
▶ 모스크 앞 할아버지
▶ 빨간 코카콜라 간판도 파란색과 함께 있으니 돋보인다.

춰진 동화 마을 같았다면 쉐프샤오엔은 일상의 삶터로 다가왔다.

이리저리 걷다 한 고등학교에 들어갔는데 방학이라 경비 보는 분이 심심했는지 교무실까지 보여준다. 내가 관심을 가지니 사진은 찍지 말라며 사물함에서 수업에 사용되는 교재들도 꺼내 보여주었다.

발길 가는 대로 무작정 걷다 어느 가게 안에서 작업하는 까만 기름때가 묻은 아저씨가 나랑 눈이 마주치니 씨익 웃는다. 나도 같이 따라 웃었다. 큰 눈망울의 화안보시(和顔布施, 환하게 웃는 얼굴로 사람을 편안하는 대하는 것) 덕분에 더운 날씨에 홀로 터덜거리며 걷던 내 마음이 밝아졌다. 마음의 여유를 가진다면 낯선 이방에서도 인류 공통의 인사인 환한 미소를 주고받을 수 있으리라.

국제 도시 탕헤르에서 사기를 당하다

탕헤르는 아프리카 북서쪽 끝, 지중해와 대서양이 만나는 지브롤터 해협에 있는 아프리카와 유럽을 잇는 모로코 항구다. 좁은 곳은 스페인과 불과 14킬로미터밖에 안 된다.

5세기까지 로마 제국의 영토였고, 대륙과 바다를 사방으로 잇는 지리적 위치로 유럽 각국들이 서로 차지하려 했던 곳이었다. 모로코가 스페인과 프랑스에 분할 통치되었을 때도 이곳만은 이탈리아, 영국, 포르투갈, 벨기에 등 여러 나라가 공동으로 관리했으며 유럽인, 아랍인, 유대인이 어울려 사는 국제 도시였다. 1956년 모로코 독립과 함께 모로코에 반환되었다.

유령 숙소였다니

숙소를 예약하고 보통 도착 하루이틀 전이면 확정 메시지가 오는데 탕헤르 숙소에서는 아무런 소식이 없었다. 답답한 마음에 문자를 보내도 묵묵부답이었다. 문제가 있을 수도 있겠다 싶어, 테투안 숙소 주인 무드 아저씨에게 부탁해 대신 전화를 걸어도 받질 않았다. 점점 불안해졌지만 주소대로 찾아가면 되겠지 싶어 무작정 길을 나섰다. 무드 아저씨는 탕헤르에 도착하면 문자 보내고 혹시라도 문제가 생기면 연락하라며 거듭 당부했다.

작은 밴을 타고 테투안을 떠났다. 그런데 탕헤르 시내까지 안 가고 변두리 외곽에서 다들 내렸다. 왜 여기서 내리냐니까 일행 중 한 명이 원래 탕헤르 시내까지 가는 건 아니었다고 한다. 어딘지도 모르는 길가에 내리니 황망했다. 택시를 잡고 주소를 보여주니 열이면 열, 고개를 가로젓고 가버린다. 영어가 통하는 사람에게 물어봐도 여기선 택시 잡기 힘들겠다는 말밖에 안 한다. 그러면 우짜라고!

그렇게 망연자실 서 있는데 드디어 내 메모를 보고 고개를 끄덕이는 기사를 만났다. 그런데 그도 아는 게 아니라 같이 찾아보자는 거였다. 호텔에 몇 번이나 전화해도 안 받아, 일단 그 주소로 가자 하니 자기 폰이 내비게이션이 안 된다며 가다가 유심 같은 걸 사서 꽂고 찾아갔다. 목적지 근처에 갔는데도 도무지 찾을 수가 없어 가다가 차를 세워 열 번도 더 물었다. 그러다가 다시 전화를 걸었는데 드디어 전화를 받았다. 그리고 말한다. 여긴 그런 숙소가 아니라고. 오 마이 갓!

사기를 당한 걸 그제야 알았다. 유령 숙소였던 것이다. 이 모든 상황을 영어가 전혀 안 되는 모로코 기사랑 손짓 발짓 해가며 소통해야 했다. 언어의 장벽이 이런 거구나 하는 걸 여행 와서 처음으로 실감했다. 기사는 내게 왜 아랍어를 안 배웠느냐는 식의 말을 했다. 물론 내 추측이다. 말이 안 통해 하도 답답해, 외국인 손님 태우면서 왜 영어를 못하느냐라는 내 말에 대한 대답이었으니까.

그런 와중에 무드 아저씨는 숙소 사기를 당했다는 내 문자를 보곤, 내 신변이 걱정되어 계속 전화를 하고 채팅으로 물어왔다. 길 찾는 것도 급한데 일일이 답변하기도 힘들었다. 무드 아저씨는 택시 기사에게 나를 다른 숙소에라도 안전하게 데려다주라고 부탁했다.

당시는 아저씨의 그런 고마운 마음을 받아들일 여유조차 없었다. 그저 내게 사기 친 놈을 찾아 벌금이라도 물리고 숙소 어플에도 신고해 혼을 내줘야겠다는 생각뿐이었다. 지금까지 모로코에 대해 좋았던 인상이 갑자기 먹구름으로 덮이고 분노 게이지가 올라가 폭발 직전이라 천둥 번개라도 쳐야 속이 시원할 것 같았다.

암튼 그렇게 숙소를 찾아간다는 내 플랜 A는 무산되었고, 기사에게 무조건 호텔만 연발했다. 아무 호텔이든 가는 게 플랜 B였다. 기사는 외국인이 많이 붐비는 해변 근처 호텔 앞에 세워주었다. 그런데 너무 비싼 곳이어서 다른 곳으로 가자 했더니 이번엔 구시가지 메디나 입구에 있는 호텔로 데려다주었다. 그런데 그곳도 하루 방값이 100유로였다. 모로코 기준으로 결코 싸지 않은 곳이었고 내 예산으로도 과한 금액이어서 망설여졌다. 그런데 그게 남은 유일한 방이란 소리에 정신이 번쩍 들어 무조건 오케이했다.

그곳은 여행 기간 중 유일하게 방 안에 화장실이 없는 방이었다. 샤워실도 공용으로 꼭대기 층에 있었다. 숙소 사기를 당해 당장 갈 곳이 없는 마당에 선택의 여지가 없었다. 그래, 이런 일도 있는 게 여행이지 싶었다. 그렇게 들어가서 짐을 두고 뭐라도 먹으려 나왔는데, 호텔 프론트에서 한 여자 여행객이 방 없냐고 물어보는데 '없다'라고 말하는 소릴 들었다. 정말 불행 중 다행이었다. 간발의 차이로 탕헤르 첫날부터 방 찾느라 무거운 캐리어 끌고 헤맬 뻔했다.

모로코는 이십 대 때 프랑스에서 만났던 모로코 친구들도 있어서 오래전부터 오고 싶었던 곳인데 우여곡절 끝에 오긴 왔다. 복잡했던 마라케시와 조용했던 테투안, 푸른 도시 쉐프샤오엔을 거쳐 탕헤

▶ 첫날 밤 야경. 멀리 항구 불빛이 보인다. ▶ 메디나 광장
▶ 메디나성 아래 광장 ▶ 숙소 건물. 2층에 묵었는데 1층 레스토랑 앞에서 저녁마다 공연을 했다.

르에 오니 모로코가 또 다른 모습으로 더 집약적으로 잘 보이는 듯했다. 유럽에 가장 근접한 국제 도시라서 그럴 수도 있었다.

숙소 앞쪽으로 바다가 보이고 뒷편에는 메디나성이 있다. 바다로 가는 길 이름이 현 국왕의 이름인 모하메드 6세 대로인데, 그의 후덕한 모습처럼 해안가를 따라 널찍하게 뻗어 있고 주변에 음식점이 있다. 모듬 생선 요리와 주스를 두 잔이나 시켜 먹고 나니 그제야 정신이 들고 안정이 찾아왔다. 디저트로 아이스크림도 먹고 일단 바닷물에 발이라도 담궈보려 해안 쪽으로 걸어갔다.

도시를 감싸듯 초승달처럼 휜 비치에 사람들이 가득했다. 물은 테투안 마르틸 비치보다 깨끗하진 않으나 파도도 없고 우리나라 서해

안처럼 얕아서 히잡 쓴 여인네들이랑 아이들이 즐겁게 첨벙거리며 노는 모습이 보기 좋았다. 바다만 바라봐도 좋고, 사람들 표정이 밝아서 좋고, 크게 틀어놓은 음악 소리도 거슬리지 않았다.

숙소로 돌아오니 같은 건물 모퉁이 레스토랑 앞에서 악사들의 연주를 구경하는 사람들로 붐볐다. 외국인보다는 대부분 휴가차 이곳에 와서 묵는 모로코인들 같았다. 오늘 밤 조용히 자긴 글렀다 싶어도, 어차피 사막에 텐트 치고 잔다 생각하면 사방에 울리는 북소리와 노랫소리도 자장가가 되리니 하면서 생각을 급전환했다.

이전엔 요새였을 메디나성 위쪽으로 올라가 바다와 항구의 야경을 보고 음악 소리에 이끌려 컨티넨털 호텔 아래 광장으로 내려가보았다. 탕헤르는 정신없던 마라케시와 조용한 테투안을 섞어 놓은 듯하다. 국제 도시답게 수크 가게나 상품도 훨씬 세련되어 보인다. 여러 도시를 못 가고 한 도시에서 모로코를 느끼고 싶다면 이곳을 추천할 수도 있겠다 싶었다.

멈출 줄 모르던 여행가 이븐 바투타

메디나 정상에 있는 카스바 박물관을 보러 갔다. 테라스에서 보는 바다 뷰가 멋진 곳이었지만, 전시된 그림 몇 점 외엔 볼 게 없었다. 바다 뷰를 보고 돌아가려는데 근처 옷가게 아저씨가 이리로 빙 돌아가면 뭐가 있다기에 믿거나 말거나 가보기로 했다. 이븐 바투타 전시공간이었다.

이븐 바투타는 700년 전에 30년 동안 40개국을 방문한 모로코 출신 여행가다. 1304년 21세가 되던 해에 성지순례를 위해 메카로 떠난 뒤 집으로 돌아오지 않고 아프리카 대륙 동쪽 해안을 따라 배를 타고

▶ 구글 따라 카스바 박물관 찾아가는 길
▶ 친절했던 옷가게 아저씨. 사진을 찍어주었는데 손가락에 브이를 하곤 미소를 지었다.
▶ 여인의 마젠타 색 히잡이 옛 건물과 대비되어 아름답다.

내려갔다. 그 후 인도, 몰디브제도, 중국 등지에서 지냈다. 집 떠난 지 30년 만에 탕헤르로 돌아왔지만 다시 사하라사막을 횡단했다. 30년에 걸친 12만 킬로미터의 대장정을 《여행기》란 책에 남겼다.

삶과 세상에 대한 호기심으로 가득찬 그의 열정과 모험 같은 여행을 실행한 용기가 존경스럽다. 이븐 바투타가 탕헤르 아프리카 북서쪽 끝에서 아시아 대륙 베이징까지 갔듯이, 나도 극동의 끝 코리아에서 탕헤르까지 왔다.

여행의 신이 나를 보살펴 건강하고 안전하게 이븐 바투타의 십분의 일만큼이라도 여행하게 해달라고 그의 동상 옆에서 기원해봤다. 탈것과 숙소가 온라인 클릭 한 방으로 해결되고 구글 내비게이션이 길잡이가 되어주는 이 좋은 시대에 말이다.

캡 스파르텔, 대서양과 지중해로 나뉘는 곳

지중해와 대서양으로 나뉘는 지점으로 유명한 캡 스파르텔에 가보기로 했다. 호텔 직원에게 어떻게 가냐고 물으니 지렁이 기어가는 듯한 꼬불꼬불한 아랍어로 적어주면서 시내 택시와 시외 택시를 구분해서 갈아타고 가야 한단다. 12킬로미터밖에 안 되는데, 버스도 아닌 택시를 갈아타라니…. 택시를 타러 가니 마침 기사가 왕복으로 한번에 가는 게 어떠냐며 제안을 해왔다. 날도 덥고 귀찮은데 잘됐다 싶어 가격을 흥정해 목적지를 향해 달렸다.

여행을 하면 생기는 새로운 눈

택시 기사는 저기 보이는 메디나성은 포르투갈인들이 지었고, 이 도로랑 부두는 스페인 사람들이 지었고, 저 부두에는 하루에도 여러 번 이곳과 스페인을 왕래하는 페리선이 다닌다 등등 이것저것 설명해주었다. 그리고 차례로 나타나는, 담 길이가 어마어마하고 문 앞에 지키는 사람도 몇 명씩 있는 대저택들을 가리키며, 지금 왕의 별장, 왕의 동생 별장, 사우디아라비아 부자의 집이란다. 그다음 웬만한 저택은 스페인, 프랑스, 미국 부자들 소유란다. 탕헤르가 50년간 국제도시였으니 외국인이 많은 건 이해가 가나, 모로코로 반환된 이후에도 개인용 비치를 끼고 대궐 같은 집에 살고 있는 것을 보니 정치적 독립은 해도 경제적 식민지는 벗어나지 못한 것 같아 안타까웠다.

더 웃긴 건 해시시(인도대마초로 만든 마약)를 팔아 부자가 된 사람들이 국회의원이 되거나 고위직에 올라 이곳에 산다는 거다. 여러 국가가 탕헤르를 공동 관리하면서 자유무역항으로 삼았으니 법적 제재가 허술해 해시시를 손쉽게 외국에 내보내 떼돈을 벌었다는 이야기다.

나는, 인생에서 얼마나 부유한 삶을 살아왔는지는 돈의 많고 적음이 아니라 다양한 체험을 얼마나 했는지, 스토리텔링할 게 얼마나 많은지에 달렸다고 생각한다. 다시 말해 경험이 풍부한 사람이 진짜 부자다. 경험 부자가 되는 여행이 그래서 중요하다.

마르셀 프루스트는 "진정한 여행이란 새로운 풍경을 보는 것이 아니라, 새로운 눈을 가지는 데 있다"고 했다. 기억은 일직선상의 기억이 아니라 과거, 현재, 미래가 중첩되어 나타나는 것이기도 하다. 그래서 여행을 함으로써 중첩되는 기억들은 새로운 눈을 갖게 해줘 다채로운 삶을 다각도로 보게 해준다. 여행에서 보고 들으며 자극받았던 기억과 인식은 우리 몸속 60조 개의 세포 안에도 각인된다. 이것이 여행이 주는 진짜 선물이 아닐까?

왼쪽은 대서양, 오른쪽은 지중해

영어도 잘하고 설명도 잘해 전직이 뭐였냐 물으니 프랑스 서커스단에서 통역 일을 했는데, 집을 비우는 시간이 너무 많아 그만두고 택시 운전과 가이드 일을 하고 있단다. 기사 아저씨와 이런저런 이야기를 나누다 보니 어느새 캡 스파르텔에 도착했다. 이곳에는 여러 나라가 합작해서 만든 다국적 등대가 있는데, 등대를 기준으로 오른쪽

▶ 캡 스파르텔의 다국적 등대
▶ 팻말을 기준으로 오른쪽은 지중해, 왼쪽은 대서양으로 나누어진다.
▶ 헤라클레스 동굴 안 ▶ 헤라클레스 동굴에서 보는 대서양 바다

은 지중해요 왼쪽은 대서양이다. 팻말 근처에 사람들이 와글거려 가보니 정확하게 대양(ocean)과 바다(sea)로 나뉘는 곳이다. 바다야 어디 선이 있겠냐마는 사람들은 선을 긋고 그리 의미를 두는 것이리라.

등대에서 조금 더 가면 '헤라클레스 동굴'이 나온다. 헤라클레스가 원래 하나였던 유럽과 아프리카를 찢어놓았고, 동굴은 헤라클레스가 돌을 던져서 생긴 구멍이라는 이야기가 전해져 온다. 입장료도 만만찮은데 동굴 끝의 대서양 바다를 찍기 위해 사람들이 바글거린다. 동굴 입구 모양이 아프리카 지도를 뒤집어 놓은 모양이라고 하는데 비슷해 보이긴 했다.

돌아오는 택시 안에서, 왕복으로 타고 오지 않았더라면 힘들었을 거라는 생각이 들었다. 그리고 이런저런 설명까지 해준 기사 아저씨가 고마웠다. 출발할 때 정한 가격보다 아주 조금 더 얹어주었는데 'Thank you, my lady'라는 말이 돌아왔다. 내가 되려 미안했다.

영감을 주는 파스퇴르 거리

예술가들의 아지트 그랑 카페 드 파리

탕헤르 파스퇴르 거리는 한때 작가, 예술가, 지식인들로 붐볐던 곳이었다. 테투안에 있을 때 숙소 주인아주머니 아와티프는 거기 가면 꼭 '그랑 카페 드 파리(Grand Cafe de Paris)'에 가보라 했다. <티파니에서 아침을> 작가와 제임스 본드 007시리즈 작가도 이 카페에 와서 쉬면서 영감을 얻고 작품을 쓰곤 했다 한다.

젊은 층보다는 주로 연륜 있는 손님들이 커피와 차를 마시고 있다. 웨이터 분도 연세나 옷차림이 꽤 중후하다. 나는 실외 테라스 카페에 앉아 커피보다 모로코 티를 마시며 지나가는 사람들을 구경하고 사거리 분수를 쳐다보며 무심히 멍 때리는 걸 즐겼다.

탕헤르는 한때 예술가나 작가들에게 영감을 주는 장소나 피난처가 되긴 한 모양이다. 이곳의 자유로운 분위기 속에서 술과 음악, 춤이 있는 파티를 하거나 때론 대마초를 피며 일탈을 한 것도 예술가들에겐 영감을 주고 더 자유로운 창작 의욕을 불러일으켰을 수도 있다.

빙판을 깨고 들어가 봐야 물밑 세계를 제대로 알 수 있다. 빙판 위 스케이팅 같은 삶을 사는 일반인들은 심층 저 아래 세계나 비상하는 저 위 세계를 생생히 체험하기보다는 안전을 추구하는 편이라 대체

▶ 파스퇴르 거리의 명소 그랑 카페 드 파리

▶ 분명 아이스커피를 시켰는데 잘못 알아들었는지 에스프레소와 물잔이 나왔다.

▶ 미 공사관 찾아가는 골목, 여기도 미로라 한참 헤맸다.

▶ 모로코식 건물에 있는 미 공사관 중정 샘

로 상상력이 빈곤하다. 반면 예술가나 작가들은 그 위와 아래 세계를 넘나들며 그들이 느낀 것을 작품으로 승화시켜 우리에게 보여주니 어쩌면 그것이 그들의 역할일지도 모른다.

우정한 동등한 관계에서 이루어진다

미 공사관 박물관 자료를 보니, 근세 미국 문학은 탕헤르를 빼고 말할 수 없다고도 하는데 미국도 그들에게 부족한 역사적·문화적 자양분을 아프리카와 유럽의 구대륙이 만나는 이곳에서 채웠는지도 모른다는 생각이 들었다.

미 공사관 박물관에는 공사가 머물면서 모은 이런저런 수집품들이 있다. 입구에 있는 미국과 모로코 우정 200주년 액자를 보는 순간 우정이란 동등한 관계에서 이뤄지는 것인데, 과연 그런 우정이란 말이 어울리는가 하면서 헛웃음이 났다. 한쪽은 강자고 한쪽은 약자니 어쩔 수 없이 협상하고 최대치로 줄 것 주고 그 그늘 아래서 안전과 평화를 유지하는 걸 정치적으로 그리 표현하는 것일 뿐이다.

유럽 강국들이 아메리카나 아시아를 점령할 때 몇 가지 수순이 있었다. 처음에는 선교사를 보낸다. 선교사들은 종교를 전파하려는 목적으로 가지만, 국가는 그들의 신변을 보호하는 대신 그들로부터 파견된 나라에 대한 온갖 정보를 입수한다. 그렇게 보고된 문서를 바탕으로 두 번째로 상인이 간다. 가서 돈 될 것을 챙기고 현지인과 충돌이 생기면 협상하는 척하다 안 되면 마지막으로 군대를 보낸다. 1세기 전 이곳 공사관에서도 불안정한 북아프리카나 모로코 내전 등 각종 정세에 대한 자료를 수집하여 낱낱이 본국에 보고했다 한다.

세상을 지도를 통해 보길 원치 않는다며 떠나 온 여행인데, 와서 보니 정말 모로코는 지중해와 대서양에 걸쳐 있었다. 그리고 유럽과 아프리카 사이에 위치해, 아프리카에서 가장 축복 받은 땅이라고 불릴 만큼 매력적이었다. 설산과 사막과 바다를 다 품고 있는 다채로운 나라다.

마라케시에서 시작해 테투안, 쉐프샤오엔, 그리고 탕헤르를 둘러보았다. 오래전부터 오고 싶었던 마그레브(Maghreb, 리비아, 튀니지, 알제리, 모로코 등 아프리카 북서부 일대를 일컫는다) 나라, 그중에서도 나의 옛 친구들로 인해 더 친밀하게 여겨졌던 모로코였기에 이 정도 본 것으로도 만족한다. 이제 탕헤르를 끝으로, 아프리카 북서쪽 끝에서 다시 동쪽으로 날아서 집 가까운 곳 방콕으로 간다.

PART 6

쌀국수와 가족 상봉

방콕 … 치앙마이 … 다낭

호이안 … 후에 … 하노이

비행기 탑승을 위한 연합작전을 펼치다

새벽 4시에 일어나 탕헤르 호텔을 나와 마드리드에서 비행기를 갈아탄 뒤 파리 오를리 공항에 도착했다. 이곳에서 다시 샤를 드골 공항으로 이동해 카타르 도하로 날아간 다음 또다시 비행기를 갈아타고 사흘째 저녁에야 방콕에 도착하는 끔찍한 일정이었다. 경비를 절약하려고 환승 구간이 많은 카타르항공을 탔기 때문에 어쩔 수 없었다.

오를리 공항에서 샤를 드골 공항까지는 4시간 여유가 있는 환승이었지만, 거대한 마드리드 공항에서 환승을 해보니 짐 찾아 자가(self)환승하는 데만 한 시간이 훌쩍 지나갔다. 그래서 아들에게 내가 탈 항공사 터미널을 알아보라고 톡을 날렸다. 보통 탑승 터미널은 하루 이틀 전에 확정되는데, 이동 중에는 와이파이도 잘 안 되고 공항에서도 확인할 시간이 부족하다. 그리고 샤를 드골 공항은 규모가 큰 데다 복잡하기로 유명하다. 게다가 터미널이 다 흩어져 있어 공항에 가서도 짐가방 들고 한 시간 이상 헤맬 수 있는 곳이다.

오를리 공항에서 샤를 드골 공항으로 가기 위해 최대한 빨리 짐을 찾아 택시를 탔다. 웬만하면 제시간에 환승할 수 있으리라 생각했지만 러시아워 때라 차가 밀렸다. 시간 내에 도착하겠냐고 물으니 기사 아저씨는 고개를 갸웃거리면서 할 수 있을 것 같다고만 한다. 그러면서 자율주행 차라 손을 놓고 운전하는 걸 보여주는데 마음이 더 불안해졌다. 솔직히 운전대를 잡고 요리조리 피해가면서 공항에 빨리 데려다주었으면 하는 바람뿐이었다.

가는 중에 기사 아저씨 여자친구한테 전화가 왔다. 자율주행차라 그런지 대화가 길어졌다. 아저씨가 코리안 레이디 태우고 공항에 가는 중이라고 하니 자기는 별 보러 가서 유성을 봤다면서 장광설을 늘어놓는다. 복잡한 마음에 말 좀 잘라볼까 싶어 에어컨이 너무 세니 낮춰달라고 했더니, 내가 프랑스어를 하는 걸 듣고는 '당신 프랑스어 잘하네요~' 하며 내게 말을 걸어왔다.

그러더니 북한이, 김정은이 어쩌구 하다 나중에는 한글이 대단하다는 둥, 자신이 아는 걸 다 말하려는 눈치였다. 나는 지금 공항에 무사히 도착하기만을 원하고 마음이 급하다니 '내 친구를 믿어라, 무사히 잘 데려다줄 거다' 하면서 전화를 끊었다. 정말 잊지 못할 공항 이동이었다. 난리에 또 난리를 더한 난리 부르스였으니.

그 와중에도 남편, 아들과 톡을 했다. 아들이 알려준 터미널로 갔는데 왠지 조용한 게 이상했다. 기사가 먼저 내려 확인하니 아뿔사! 좀 전에 다른 터미널로 변경되었단다. 가방 들고 내렸으면 황당할 뻔했다.

바뀐 터미널로 찾아가니 카타르항공 체크인 데스크 앞에 줄이 어마하게 길었다. 그리고 카타르항공 직원들이 나와서 집에 가는 택시가 어쩌구 하기에 '엥 도대체 이건 또 뭔 소리여' 하며 물어보니 비행기가 연착되어 내일 아침에나 뜰 예정이란다. 파리지앵들 중에서 집에 갈 사람들에게는 택시비를 주려고 묻고 다닌단다.

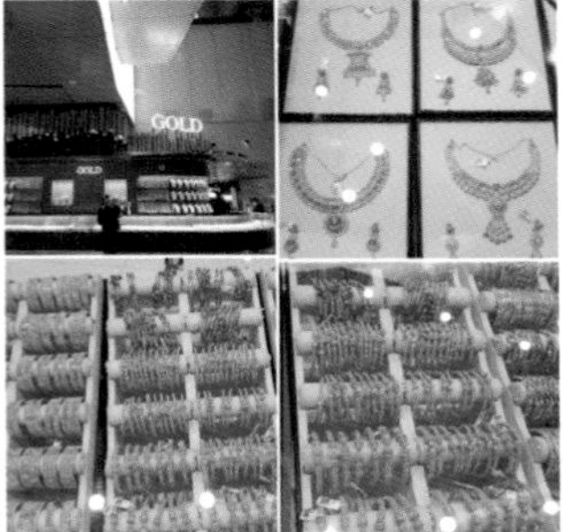

▶ 뱅뱅 돌아가는 줄이 열 줄도 넘었던 샤를 드골 공항 탑승 수속장에서 줄 서는 인내심을 배웠다.
▶ 부자 나라답게 카타르 도하 공항은 금붙이 액세서리 가게가 엄청나게 컸다.

비행기 놓칠까 봐 한국과 연합작전까지 펼치며 그리 숨차게 달렸는데 맥 빠지는 소릴 들었다. 할 수 없이 다시 세 시간 동안 줄을 선 뒤에야 새 항공권 예약 확인을 했다. 공항 근처 호텔에 배정받고 들어가니 자정이 넘은 시간이었다. 저녁도 안 줘 화가 나서 애먼 호텔 직원들에게 화를 냈다. 다음날 조식을 든든히 먹은 뒤, 전날 저녁도 굶으며 같이 고생한 사람들과 다들 반갑게 아는 척을 하며 공항으로 향했다.

출국장에서 같이 줄 선 가브리엘은 이탈리아 청년인데 암스테르담에서 식당 웨이터로 일하다 그만두고 방콕으로 여행을 간단다. 휴직 기간 동안 세상을 더 보고 재충전을 하면 창의성도 생겨 다음에 무슨 일을 하든 도움이 될 거라 하니, 활짝 웃으며 자기 엄마한테 그 얘기 좀 해달라 한다. 화장실을 들락거리느라 보딩타임이 촉박해서 좀 불안했는데, 멀리서 가브리엘이 손을 흔들며 '킴~' 하고 불렀다. 얼른 같은 일행인 것처럼 수십 명을 제치고 앞으로 갔다. 가브리엘이 'This is Italian~'이라며 씨익 웃었다. 나도 웃으며 이건 '코리언 스타일'이기도 하다고 말했다.

파리에서 힘들게 도하로 왔건만 도하에서 방콕 가는 비행기가 또 연착이란다. 카타르항공은 기내식도 훌륭하고 간식도 펑펑 주면서 웬 연착이 이리 많은가 싶다. 두세 시간 비행기가 연착하니 주욱 줄을 세워 공항 내 카페테리아로 데려간다.

나는 저녁이고 뭐고 다 귀찮고 자꾸 반복되는 연착에 짜증이 나는데, 다른 사람들은 크게 화를 안 내는 거 보니 신기할 정도다. 새삼 내가 평소엔 긍정적이고 이해심도 있어 무슨 일이든 잘 받아들이는 편인데, 정해진 일이 제대로 안 굴러가면 남들보다 더 못 참는구나 싶었다. 갈수록 여행 경험 마일리지가 높아지는 만큼 여행 난이도도 따라 올라가는 게 스릴도 있지만, 난이도만큼이나 긴장과 피로감이 커지고 신경도 예민해진다.

그런저런 사연을 겪으며 어쨌든 방콕에 무사히 도착하니 그제야 모든 것에 그저 감사했다.

오래전 이븐 바투타는 탕헤르에서 중국 땅에 이르기까지 30년이나 걸렸는데, 나는 탕헤르에서 비행기를 몇 번 갈아탔을지언정 날고 또 날아서 여기까지 오는 데 사흘밖에 안 걸렸다. 이 얼마나 다행이고 신기한 일이냐며 스스로 위로하며, 내가 좋아하는 마른 오징어 한 마리 사다가 시원하게 맥주 한 캔 했다.

단돈 2,000원에 이리 행복할 수가

계획은 변경되기 위해 있는 것

원래 모로코 다음 행선지가 방콕이 아니었다. 아프리카 동부 해안을 타고 내려가려 했는데, 황열병 예방 접종을 못한 데다 비행기 노선이 너무 복잡하고 왠지 마음이 썩 내키지 않아서 바로 방향을 틀었다. 역시 계획은 변경되기 위해 있는 거라는 걸 새삼 깨달았다.

때론 체크아웃하고 떠나는 당일 아침까지도 어디로 갈지 못 정한 경우도 있었다. 그럴 때는 그냥 기다렸다. 언제나 그렇듯 내 가슴 내비게이션은 틀린 적이 별로 없었기에 가슴이 바라는 방향대로 움직였다. 그러면 대부분 기대 이상으로 결과가 좋았다. 이번에도 방향을 틀어 '이제 동쪽으로 가자~' 하고 방콕행을 결정했다. 역시 방콕만 와도 마치 내 집에 다 온 것마냥 마음이 푸근해졌다. 동유럽부터 아프리카까지 멀리 가 있을 때의 그 생경함과 다름이 좋기도 했지만, 혼자 얼마나 긴장하면서 여행했는지 여실히 느껴졌다.

방콕 공항에 도착해 택시를 타니 연세 지긋한 기사가 '아이 엠 타이, 알 유 싱가폴?' 하고 물었다. 아니라고 하니 '오우 쏘리' 하며 멋쩍게 웃는다. 비행기가 연착에 연착을 거듭한 후 구사일생처럼 도착한 뒤라 진이 빠져 아무 말 없이 그저 숙소까지 무사 배달되기만을 바라는데, 기사는 내게 말이라도 걸어야 친절한 것이라 생각한 모양이다. 그동안 동유럽에서부터 동남아인으로 오해를 많이 받았기에 새롭진 않지만 막상 동남아 현지에 와서 동남아인으로 인정받으니 기분이 묘해지긴 했다. 아무래도 이 동네에 자주 오라는 신의 뜻일는지.

맛있는 태국 음식들

방콕 첫 날, 심카드를 사려고 숙소에서 물어 스카이트레인(Skytrain)을 타고 시내로 나갔다. 거기서 또 묻고 물어서 MBK라는 어마어마하게 큰 쇼핑몰 4층에 가서 심카드를 샀다. 이리저리 둘러보니 온갖 상품들로 진열된 가게들이 현란하다. 신던 샌들도 끈이 떨어져 편한 신발을 하나 사고 어슬렁거리다 푸드코트에 가서 고기가 들어간 누들 국을 먹었다. 60바트(우리 돈 2,000원)였는데 맛있고 든든했다. 물론 여기도 비싼 곳은 150~300바트도 하는데 쇼핑몰 푸드코트는 재래시장 물가다. 길거리 음식도 다 맛있는 게 방콕의 매력인 것 같다.

생각해보니 아침, 점심, 저녁을 쌀국수, 똠얌꿍, 팟타이를 먹었는데도 속이 부대끼거나 질리지 않는다. 여행을 시작하고 5개월간 김치가 생각난 적도 밥이 그리운 적도 없었다. 유럽 여행과 지중해 여행 때는 샐러드와 토마토가 들어간 요리를 자주 먹었기에 내 입맛이 지중해 스타일이라고 생각했다. 몇 년 전 라오스나 말레이시아에서 비슷한 음식을 먹었지만 그렇게 맛있다고 느끼진 않았다.

이븐 바투타가 중국이 음식이 발달한 나라라고 했다는데, 베이징에서 베이징덕(북경오리)을 손도 못 댔다. 그런데 태국 요리는 입에 잘 맞았다. 라이트하면서 매운맛조차 라임과 견과류 가루를 뿌려 상큼하고 고소하다. 우리 음식보다 약간 달달하긴 하지만 맵고 짜지

▶ 소고기에 숙주, 고수나물 아삭한 것을 얹은 쌀국수가 2,000원이다.
▶ 단호박과 내장 같은 걸 볶아 밥 위에 얹어주는데 1,400원이다.
▶ 고추를 썰어 넣은 소스를 알아서 끼얹어 먹으라고 같이 준다.
▶ 파를 뚝뚝 잘라 라임을 짜 넣고 섞어 먹으니 맛있었다.

않아서 먹기도 편했다.

어차피 여행은 만행이다

배를 채우고 나니 특별히 갈 데가 없었다. 다 비슷비슷한 쇼핑몰이고 화려한 호텔이다. 구글 지도를 보니 근처에 사원 이름이 뜨기에 어차피 태국은 불교국이니 사원 구경이나 하려고 찾아나섰다. 가다 보니 길을 잘못 들어 시암 쇼핑몰과 시암 호텔 앞에서 계속 빙빙 돌고 있었다. 헤매고 다니는 내 모습이 한심해 헛웃음이 났다. 그러다 '그래, 어차피 여행은 만행(萬行)이라고 생각하자, 아니 더 나아가서 수행이라 생각하자'며 마인트 컨트롤을 했다.

사원을 찾아가는 동안 목도 마르고 배도 고팠지만 먹고 쉴 수 있는 곳이 보여도 그냥 지나쳤다. 부처님 고행의 몇백만분의 일이라 생각하며. 도착해서 보니 도심의 빌딩과 함께하는 사원이었다. 도심 속 사원의 의미에 대해서 이런저런 생각이 떠올랐다.

'색즉시공 공즉시색(色卽是空 空卽是色) 불이(不二)라~'

▶ 도심 속 사원 ▶ 사원 건물 옆 센트럴 월드 빌딩

내 눈에 방콕은 온통 먹고 소비하는 자본주의 세상의 절대치를 보여주는 듯했다. 태국은 동남아에서 유일하게 식민지를 겪지 않고 주권을 지켜온 나라다. 포르투갈, 스페인, 네덜란드, 영국, 프랑스 등 강대국이 밀고 들어올 때마다 팔 하나 떼 주고 다리 하나 잘라 주면서 견뎌왔다 한다. 그래도 동남아에서 젤 센 나라였기에 그것이 가능했다. 그러나 또 한편으론 친서방 정책을 펴고 퇴폐 관광업조차 용인한 왕가 때문에 태국 자체가 순수함을 잃은 면도 있다.

그런 도심 속 사원에서 사람들은 꽃을 바치고 초를 켜고 있었다. 그렇게 하면서 그 속에 물질과 정신이 따로가 아니요, 중생과 깨달음이 둘이 아니라는 불이(不二) 메시지가 있는지도 모르겠다. 어차피 새는 양 날개로 나니 둘 다 필요하고 둘 중 어느 하나를 도외시하거나 경시해서도 안 되는 그것이 중도요 지혜다.

불과 며칠 전까지만 해도 오직 알라 유일신을 믿고 술은 입에도 대지 않고 기도 시간을 지키던 모로코에 있었다. 지금은 완전히 다른 풍경인 태국에 있다. 그래서 여행은 쉼 없이 바뀌는 공간만큼이나 우리 뇌에 자극을 주니 좋은 것이기도 하다.

포 사원과 카오산 로드

방콕 그랩택시를 타고 포 사원(Wat Pho)에 갔다. 태국 말로 왓(Wat)이 사원이다. 우리 나라 사찰과는 완전히 다른 분위기다. 이곳은 누워 있는 와상 불상으로 유명하다. 불상 길이가 45미터니 엄청나다. 와상뿐만 아니라 입상 불상들도 즐비하다.

줄 지어 있는 불상을 보니 몇 년 전 라오스에서 봤던 불상들이 떠올랐다. 당시 라오스 가이드는 태국인이 그 많은 불상을 뺏아간 것에 대해 '그들이 가져갔다'라고 하지 않고 '우리가 잃어버렸다'라고 한다고 말했다. 라오스인들의 순수한 그 마음에 감동이 되었다. 물론 태국 사람들도 순수하고 얼굴에 독기가 없다. 세상 어디서나 마찬가지로 탐진치(貪瞋癡, 불교에서 말하는 세 가지 번뇌. 탐욕과 노여움, 어리석음)로 물든 나쁜 사람도 있지만, 대체적으로는 얼굴에 미소와 편안함이 있다.

굳이 깨달음과 해탈을 구하는 마음이 아닐지라도 사람들은 누구나 자신이 붙들고 안달복달하거나 괴로운 마음을 비우려고 절을 찾는 게 아닐까 싶어진다. 물론 여행자로서는 낯선 이방 문화에 대한 궁금함과 호기심 어린 방문이다. 부처님께 삼배를 하고 합장을 했다. 내 안에 탐진치를 극복하고 더 자유로워지게 하옵소서~!

사원을 보고 가까운 곳에 있는 왕궁을 보려 했는데 문이 닫혀서 택시를 타고 젊은이들과 배낭여행객들의 성지라는 카오산 로드에 갔다. 사방으로 연결된 골목과 길에 예쁜 바와 레스토랑, 기념품 가게가 즐비하다. 면티 하나 사고, 배 고픈 김에 팟타이 한 그릇 맛있게 먹고 왔다.

웬만해선 야간에는 돌아다니지 않는다는 내 여행 수칙상, 카오산

▶ 저 하늘을 찌르는 뾰족한 탑부터 정말 우리와는 다른 형태의 절이다.
▶ 남방 불교의 부처님이 더 화려한 듯.
▶ 지붕의 위 저 찌르는 손가락 같은 모양이 무엇일지 궁금했다.
▶ 옆으로 누워 있는 부처님. 길이가 46미터다.
▶ 부처님 발가락에 지문이 섬세하게 표현되어 있다.

로드를 보고 숙소로 돌아오는데 도로 양가에 불빛이 화려하게 점등되니 분위기가 좋아서 일찍 들어가는 게 좀 아쉬웠다. 매일 밤 이렇게 예쁘게 불을 켜냐니 택시 기사 왈, 오늘 왕비님 생신이어서 그렇게 켰다 한다.

팟타이를 네 그릇이나 먹을 수 있는 돈인데

여행을 하면서 시차 적응이 안 된 적은 없었는데 이번에는 좀 심했다. 초저녁 잠이 많고 아침형 인간인 내가 새벽 4시에 자고 점심 때 일어났다. 한국과 시차가 7~8시간 나는 곳에서 150일 정도 지내다 시차가 2시간 되는 방콕으로 왔더니 정확히 5시간 동안 시차 적응하느라 힘들었다.

비행기 연착으로 하루를 까먹고 오전은 자느라 이틀을 버리니 방콕에서는 무얼 보고 할 것도 없었다. 아쉽지만 방콕은 그냥 지나가자는 생각이 들었다. 좀 더 편안한 곳에 가서 긴 호흡으로 쉬고 싶다는 생각에 치앙마이로 가는 기차를 서둘러 예약했다. 수상시장은 꼭 가고 싶었는데 서둘러 떠나는 바람에 못 봐서 아쉬웠다.

치앙마이로 출발

다음날 11시간 동안 기차를 타고 치앙마이로 갔다. 기차에 대우건설이라 적혀 있는데 무궁화호 내지 비둘기호 같았다. 기차에서 먹으라고 밥이랑 과자 봉지를 주는 게 재밌었다. 경치나 감상하며 가려 했건만 시차 부적응으로 제대로 못 잔 탓에 가는 내내 먹고 자고 화장실 가느라 지루할 새도 없이 치앙마이에 도착했다.

▶ 올드타운의 타패 게이트

▶ 시내 웬만한 건물과 가게 앞에는 꽃, 음료수를 바치고 초를 켜는 곳이 마련되어 있다.

▶ 가정집 앞에도 불탑 같은 것이 있다.

태국 북부 지역은 13세기부터 18세기까지 란나 왕국이 지배했는데, 란나 왕국의 첫 번째 수도가 치앙라이였다. 그런데 잦은 홍수와 버마(지금의 미얀마)의 침입을 피해 치앙라이 인근으로 천도를 했는데, 그곳이 바로 치앙마이다. 그 후 700년 동안 왕국의 수도로 존속했기에 치앙마이에는 문화재가 많다. 또한 북부 지역이라 시원하고 수려한 자연환경과 저렴한 물가, 좋은 인터넷 환경으로 디지털 노마드의 성지, 자유 여행의 메카로 각광받고 있다.

시내 주요 교통수단은 툭툭이와 빨간 썽태우다. 스쿠터를 빌려 타고 다니는 외국인도 보인다. 툭툭이는 생각보다 비싸고 썽태우는 인원이 차야 움직이니 그랩택시를 이용하는 게 가장 편하다.

그런데 택시 요금이 그리 싸지는 않다. 나는 물가를 늘 음식값과 비교하는데, 유럽에선 만 원 주고 먹을 수 있는 음식은 거의 없다고 봐야 한다. 여기선 만 원이면 내가 좋아하는 팟타이를 네 그릇이나 먹을 수 있고, 마사지를 한 시간 반 동안 받을 수 있다. 그래서 택시

▶ 코끼리상이 떠받치고 있는 모습이 인상적이다.
▶ 황금 체디 옆에 있는 3겹 지붕의 건물 안에 보물 불상이 있다.
▶ 치앙만 사원의 황금 체디
▶ 시주 바구니에 쌀국수랑 치약도 있어 재미있다. 이런 생필품 보시가 돈보다 정겹다.

비가 아까워 되도록이면 걸어다녔다. 같은 돈을 쓰면서도 이렇게나 사람 심리가 다르게 작동하는구나 싶었다.

고요한 치앙만 사원

치앙마이의 볼거리는 사원과 시장이다. 시장 수보다 사원이 더 많다. 이곳 사람들의 불심과 기도는 일상생활 속에 녹아들어 있다.

구글 지도를 켜서 숙소에서 가까운 치앙만 사원에 가보았다. 치앙만 사원은 치앙마이로 천도한 후 왕사로 사용했던 치앙마이 최초의 절이요 가장 오래된 절이다. 생각보다 고요해서 좋았다. 마침 한 무리의 신도들이 와서 절을 하고 스님의 법문을 듣는 시간이 있기에 나는 법당 안에 놓인 의자에 편히 앉아 그들을 보며 시원한 곳에서 땀을 식혔다.

정원에 있는 황금 체디(탑)는 실물 크기의 코끼리 15마리가 떠받치고 있는 웅장하면서도 화려한 모습이다. 그 옆에는 3겹 지붕으로 된 불당이 있고, 그 안에 2,500년 전의 대리석 불상과 1,800년 전의 작은 크리스털 불상이 있다.

매년 100만 명의 관광객이 치앙마이를 찾는 이유

치앙마이 예술문화센터에 갔다. 보고 나니 이름이 역사문화센터면 더 좋을 것 같다는 생각이 들었다. 2000년에 완성된 센터인데 치앙마이 역사와 문화를 한눈에 볼 수 있는 곳이다.

란나 왕국은 버마와 태국에게 양쪽으로 점령당했다가 태국이 버마와의 전쟁에서 이기자 1774년에 공식적으로 태국의 일부가 되었다. 18세기 이후에 합병된 것이므로 치앙마이는 방콕이나 다른 지역과는 지역 특성이나 분위기가 차이날 수밖에 없다.

건물 앞에는 삼왕상이 있다. 삼왕은 치앙마이로 천도한 멩라이와 수코타이 왕국의 람캄팽, 파야오 왕국의 음암므앙이다. 한 나라든 도시든 제대로 알려면 시공간의 날줄과 씨줄이 얽히는 이런 공간을 한 번은 와 봐야 한다는 생각이 든다.

거기서 나오면 바로 길 건너 맞은편에 치앙마이 민속박물관이 있다. 한꺼번에 치앙마이를 이해할 수 있는 두 곳이 연결되어 있어 동선이 편하다. 문화센터에서 좀 부족했던 지역 문화와 종교에 대해 좀 더 깊이 알 수 있는 곳이다. 치앙마이 중심가의 인구는 그리 많지 않은데도 매년 약 100만 명의 관광객을 불러모으는 것은 다른 매력과 인프라도 있겠지만, 500년 넘게 존속해온 왕국의 문화와 유적, 유물이 한몫하지 않나 싶다.

도이수텝에서 탑돌이를 하며 소원을 빌다

내가 머무는 곳이 올드타운이라 예쁜 카페와 핫플레이스가 있는 신시가지로 가려고 택시를 탔다. 그런데 기사 아저씨가 가다가 손으로 산 위를 가리키면서 저기 가봤냐고 물었다. 도이수텝 사원이었다. 유명한 곳이라 나도 찾아보긴 했는데, 산길로 고불고불 15킬로미터는 올라가야 하니 길이 험하고 멀다. 아저씨가 지금 거기로 왕복해서 가자며 흥정을 한다. 순간 나도 낚여서 흥정을 하고 있었다. 이왕 말 나온 김에 갔다 오지 싶어서 그렇게 하자고 했다.

부처님 사리가 있는 도이수텝

'태국을 방문하는 사람 중에 치앙마이를 방문하지 않은 사람은 태국을 보았다고 할 수 없고, 치앙마이를 방문한 사람 중에 도이수텝을 방문하지 않은 사람은 치앙마이를 보았다고 할 수 없다'라는 말이 있을 정도로 유명한 곳이다. 정식 이름은 왓 프라탓 도이수텝인데 '왓 프라탓'은 '부처님 사리를 모신 사원'이고 '도이수텝'은 신성한 산이란 뜻이다.

전설에 따르면 란나 왕국 때 흰 코끼리가 부처님의 사리를 싣고 수텝 산마루까지 올라가 그 자리에서 울고 세 바퀴 돌더니 쓰러져 숨

▶ 도이수텝에서 보는 시티 뷰
▶ 네 기둥에 코끼리 전설 등 여러 스토리가 조각으로 새겨져 있다.
▶ 와상의 나뭇조각이 매우 섬세하다.

을 거두었는데, 그 자리에 탑을 세워 사리를 모시면서 해발 1,070미터 높은 곳에 사원을 지었다고 한다. 예전에는 300계단을 걸어 올라가야 했었는데, 지금은 엘리베이터를 타고 순식간에 올라간다. 도시 야경을 보러 저녁 무렵에 많이 찾는다고 한다. 해발 1,000미터의 뷰도 좋지만, 도이수텝의 백미는 황금 체디다. 흰 코끼리가 모셔온 부처님 사리가 안치된 황금 체디 주위에는 사람들이 꽃을 들고 소원을 비는 탑돌이를 하고 있었다. 나도 함께 한 바퀴 돌며 소원을 빌었다.

미슐랭 식당이 왜 이래?

도이수텝을 뒤로하고 신시가지에 있는 카페를 찾아갔는데 건물이 텅 비어 있었다. 코로나 여파로 문을 닫은 듯했다. 다른 곳이라도 들어가 보려고 검색을 해보니 근처에 미슐랭 유기농 식당이 있었다. 길거리 음식만 먹지 말고 균형감 있게 미슐랭도 함 먹어 줘야지~ 하고 들어가서 음식을 시켰는데, 내가 잘못 시킨 건지 누들은 안 나오고 샐러드만 나왔다. 누들을 다시 주문해 다 먹고 계산을 하다 깜짝

▶ 사리를 모신 황금 불탑

▶ 거대한 상아로 장식된 곳이 많다.

▶ 마야백화점 앞에도 작은 사당이 있다. 세상의 모든 것이 마야, 즉 환상이란 부처님 가르침처럼 백화점이야말로 환상을 채우는 모든 것으로 가득 찬 곳이다.

놀랐다. 가격도 비싸고 서비스 요금까지 붙어 평소 먹는 음식값의 4배 가까이 나온 것이었다. 미슐랭 식당은 역시 나랑 안 맞는구나 싶었다.

예전에 가족여행 중 파리에 사는 후배가 알랭 들롱도 다녀갔다는 미슐랭 식당에 우리 식구를 초대해서 저녁을 사주었는데 나중에 계산서를 보고 가격에 놀라고, 일반 맛집보다 특별할 것도 없는 데다 양도 적어서 더 화가 났던 기억이 떠올랐다.

식당에서 나와 맞은편에 있는 마야백화점 푸드코트에 가니 내가 먹고 싶었던 똠얌 국수가 단돈 1,800원이었다! 미슐랭 식당에서의 찜찜했던 기분도 만회할 겸 한 그릇 먹고 위층으로 올라갔는데 또 다른 음식들이 즐비했다! 아쉽게도 배가 불러 더 이상 먹지 못했다. 꼭대기층까지 올라가 보니 옥상 카페에 작은 평상 같은 의자들이 있어 사람들이 노트북을 하며 쉬고 있었다. 나도 거기 앉아 한참을 쉬었다.

▶ 우몽 사원 탑

▶ 동굴 사원

▶ 나무에 걸린 글귀가 마음에 와닿았다. 우리는 자신이 선택하는 존재가 된다는 것! 우리가 선택하고 우리가 취하는 태도에 따라 삶이 달라진다.

우몽 사원에서 종 울리기

구글 검색을 하니 가까운 곳에 우몽 사원(Wat Umong)이 있었다. 동굴 사원인 데다 주변에 호수와 산책로가 있다는 설명에 툭툭이를 타고 찾아갔다. 툭툭이는 재미있기는 한데 덜컹거려 안정감이 없다.

오후 5시가 넘어 도착한 탓에 입구 쪽에 사람이 없었다. 조용하고 적막한 기운이라 명상하기 좋아 보였는데, 명상센터도 있고 흰 옷을 입고 오가는 사람들이 있었다. 어둑해져 와서 급한 발걸음으로 올라가니 거대한 탑이 보였다. 황금빛 체디를 보다 자연 돌탑을 보니 마치 캄보디아 같은 느낌도 들면서 고답스러웠다. 반면 동굴 사원은 인공 동굴이라 별 다른 감흥을 못 느꼈다. 굴 속에 안치된 불상만 보고 서둘러 내려왔다. 사원 주위의 종을 다 울리면 소원이 이뤄진다고 하는데 시간이 늦어 종을 몇 번 친 뒤 툭툭이를 타고 숙소로 돌아왔다.

고색창연한 왓 체디 루앙

왓 체디 루앙은 왓 프라싱과 함께 치앙마이 시내에서 가장 크고 유명한 사원이다. 사원에 들어서면 압도적인 크기의 탑을 만난다. 15세기에 세워졌을 당시에는 90미터에 달했으나 16세기에 일어난 큰 지진으로 파괴되어 현재는 60미터다.

금빛이 아닌 돌탑이라 화려하기보다는 자연스러운 세월의 흔적과 함께 더욱 웅장함이 느껴진다. 탑으로 올라가는 계단에는 탑을 수호하는 뱀신 나가(Naga)상이 조각되어 있으며, 기단 둘레에도 역시 수호신으로 여겨지는 코끼리상이 있다. 돌탑의 고색창연함은 저녁에 노을이 질 때 더욱 아름답다 한다. 사원 입구에 있는 하늘을 향해 쭉 뻗은 수호나무도 인상적이었다.

아무리 봐도 진짜 스님 같은데

거대한 탑처럼 생긴 왓 체디 루앙을 보고 걸어갈 수 있는 거리에

▶ 기단 둘레에 조각되어 있는 코끼리상
▶ '나가'가 지키는 무덤 탑
▶ 태국 절에는 어딜 가나 나가가 정말 많다.

있는 왓 프라싱을 찾아갔다. 왓 프라싱은 치앙마이 경찰서를 지나 선데이마켓이 열리는 올드시티의 중심에 있다.

아름다운 금탑과 법당 안에 실물처럼 앉아 있는 밀랍 고승들의 모습이 인상적인 곳이다. 머리카락, 형형한 눈빛, 검버섯 피부까지 정말 살아 있는 듯 생생해 가까이 가서 보고는 더욱 놀랐다.

그리고 19세기 중국인 화가가 그렸다는 법당 안의 벽화는 태국의 오래된 전설을 묘사한 것인데 당시 사람들의 생활상과 복식이 잘 표현되어 있어서 흥미로웠다.

시니어들의 활력이 넘치는 곳

두 사원을 보고 너무 더워 냉방이 잘되는 카페에 가서 커피를 마시며 사진 정리도 좀 하고 다시 걸어 농부악 공원에 갔다. 이름이 무슨 농부여서 농부랑 관련 있나 싶은데, 그게 아니고 그냥 이름이다.

공원은 크지 않은데 현지인들의 모습을 볼 수 있어서 좋았다. 편

▶ 왓 프라싱 입구

▶ 금빛 탑, 황금 코끼리

▶ 허리는 굽어도 눈빛은 형형한, 살아 있는 진짜 스님 같은 모습이다.

▶ 농부악 공원 정자에서 사람들이 음악을 연주하며 노래하고 춤추고 있었다.
▶ 농부악 공원에서 만난, 우리나라 가수 김광석이 생각나는 동상

안히 돗자리 깔고 누워 쉬는 사람, 조깅하거나 걷는 사람, 운동 기구도 있어 마치 시민 생활공원 같다. 주로 여행객들이 북적이는 곳에만 있다 현지인들의 여유로운 모습을 보니 나도 덩달아 마음의 여유가 생겼다. 호수 위 정자에서 악기를 연주하며 흥겹게 춤추고 노래하는 시니어들을 보니 활력이 넘쳐 보기 좋았다.

무색무미한 여행지 민낯 보기

자유여행의 최대 장점은 내 맘대로 여행을 기획하고 실행한다는 것이지만, 그 모든 것을 혼자서 해야 하니 고생이 따르게 마련이다. 오늘은 베트남행 비행기 예약과 치앙마이에서 두 번째 숙소 찾기를 한꺼번에 하려다 머리에 쥐가 나려 했다. 이럴 땐 잠시 멈춰야 하는데 원래 일을 몰아쳐 해치우는 성격이라 급히 하려다 오히려 더 망쳐 버렸다. 예약 날짜가 틀려서 수정하느라 애를 먹다가 결국 머리를 식히기 위해 밖으로 나갔다. 운하가에 앉아 눈을 감고 심호흡을 한 다음 유유히 흐르는 물결을 보니 마음이 좀 가라앉았다. 그렇게 잠시 고요 속에서 안정을 찾고 다시 일어났다.

그래서(So What)? 오늘은 어딜 가지?

그래, 로열 파크 랏차프륵에 가보자!

복잡한 머리 식히는 데는 공원, 자연보다 좋은 게 어디 있으랴.

구글 검색을 한 뒤 치앙마이 게이트 쪽으로 가서 썽태우를 잡고 가격을 물어보았다. 300바트, 우리 돈 만 원이 넘는다. 로열 파크 랏차프륵이 올드타운 시내를 한참 벗어나는 곳에 있으니 어쩔 수 없었다.

'로열 파크'라는 이름답게 왕가에서 만든 공원이라 24만 평이나 되는 엄청 크기였다. 각 나라별 공원도 있고 산책하기 그만이다. 웅장

▶ 치앙마이 게이트 앞 썽태우
▶ 로열 파크 입구 역시 '나가'가 지키고 있다.
▶ 공원에서 제일 큰 파비용
▶ 운하 옆 길에 있는 큰 나무. 우리나라 서낭당 나무처럼 띠가 둘러져 있다.

하게 지어놓은 그랜드 파비용이 인상적이었다.

그런데 도중에 비가 내려 비를 맞으며 공원을 둘러보았다. 공원 구경을 마치고 아이스크림을 먹으며 쉬고 있는데, 갑자기 바람이 몰아치면서 스콜이 신나게 쏟아졌다. 스콜을 보니 마음까지 후련했다. 내리꽂히는 스콜이 잦아들길 기다렸다 돌아갈 때는 썽태우 가격을 흥정해서 40바트를 주고 중간에 내려 숙소까지 걸어왔다.

여행지에서 뚜벅이를 하며 하루 평균 1만 2,000보를 채웠다. 걸으면서 보는 여행지의 민낯도 재밌다. 관광지, 여행 명소 등이 화장한 얼굴 같다면 그와 상관없는 무색무미한 골목길이나 일상의 장소는 이곳의 민낯이다.

치앙마이 올드타운은 네모난 운하를 끼고 있다. 그 운하를 통해서 적들을 막고 왕조를 지켜왔으리라. 그리고 운하를 따라 게이트들이 있다. 치앙마이 게이트 근처 포장마차에서 쌀국수 한 그릇 먹고 숙소로 돌아왔다.

1일 1사원 1면요리 1마사지

치앙마이에서 제일 유명한 일요 야시장

이곳 일요 야시장(선데이 나이트 마켓)이 유명해서 일요일 저녁에 가 보았다. 올드타운 타패 게이트에서 왓 프라싱 사원까지 거의 1킬로미터에 걸쳐 있는, 치앙마이에서 제일 유명한 야시장이다. 여행자와 현지인이 다 몰려온 듯 수많은 인파에 시끌벅적했다.

고산족이 수작업으로 정교하게 만든 각종 의류, 목각품, 생활물품들도 있었다. 면 소재 옷이 가볍고 좋아 바지 두 개와 윗도리 한 개를 샀다. 음식 먹는 널찍한 곳엔 음악 소리와 사람들로 꽉 찼다. 위장의 한계가 없다면 먹을 수 있는 양의 너덧 배는 먹고 싶은 곳이다. 파파야 샐러드, 비빔국수를 맛나게 먹고 바나나 로띠도 먹고, 코코넛 음료까지 한 잔 마시고 나니 더 이상 들어갈 곳이 없었다.

이럴 줄 알고 먹기 전에 마사지를 받았다. 시장 한쪽에 매트를 깔아놓고 하는데 전신 마사지 한 시간에 180바트(우리 돈으로 6,300원)다. 정말 싸다. 마사지를 받으며 살포시 잠이 들었는데, 갑자기 우레가 치는 듯한 소리에 놀라 번쩍 눈을 뜨니 빗방울이 양철지붕을 뚫을 기세로 세차게 때리는 소리였다. 시장에 나온 수많은 사람들이랑 장꾼들, 거리에 널린 물건들은 어쩌나 싶었다. 마사지를 마치고 나왔는

▶ 옥으로 된 가부좌 코끼리상. 이곳 사람들은 코끼리를 숭상한다.
▶ 야시장의 수공예품은 고산족들이 만든 것이 많다.

데 밖은 예상 외로 멀쩡했다. 이곳에선 자주 일어나는 일이니 다들 대처를 잘하는 것 같았다.

토요 야시장에서 만난 철수 아저씨

오늘도 뚜벅이로 만오천 보를 걸어 몇 개의 사원을 둘러보았다. 땀 흘리고 걷다 피곤해서 마사지를 받았다. 마사지를 받으며 깜빡 졸고 나면 그리 시원할 수가 없다. 치앙마이에서는 '1일 1사원 1면 1마사지'의 룰을 지키고 있다. 하루에 사원 한 군데 이상 가고, 면 요리 한 번 이상 먹고, 마사지 한 번 받기.

토요 야시장은 지난번에 가본 일요 야시장이랑 비슷한데, 먹거리가 좀 더 다양하고 오밀조밀 볼거리도 더 많았다. 이리저리 구경하고 다니다 기타 소리에 끌려 먹거리 장터 쪽으로 들어갔다. 오징어 꼬치 하나 먹고 똠얌 국수를 먹는데, 배철수를 닮은 아저씨가 내가 좋아하는 'Wonderful Tonight'을 불렀다. 와아~ 지금 이 순간 이 자리에서 먹는 2,000원짜리 똠얌 국수가 그 어떤 고급 레스토랑의 비싼 음식

▶ 오징어 꼬치가 맛있다.
▶ 코코넛 밀크와 속에 약간 씹히는 옥수수가 들어간 부드러운 풀빵 식감의 빵
▶ 치앙마이 철수 아저씨. 쑥쓰러운지 웃는 것도 좀 어색하다.

못지않았다.

간이로 펼쳐놓은 플라스틱 탁자에서 먹어도 이리 행복할 수가! 국수 먹다 황홀해졌다. 얼른 먹고 아저씨 사진 찍어야지 하는데, 다음 곡 역시 내가 좋아하는 곡이다. 아까 기부함에 동전을 넣었는데, 이번엔 지폐를 넣고 동영상을 찍으니 '컵쿤캅~ 땡큐' 하며 웃었다.

그런데 다들 먹고 떠드느라 노래 듣고 박수도 안 친다. 외국인 관광객이 많았던 일요 야시장에선 노래가 끝나면 먹다가도 박수를 치던데, 여기 사람들은 노래에 별 관심이 없었다.

시장에서 발 마사지 한 시간 더 받고 돌아오려다 아쉬움에 다시 가서 몇 곡 더 듣고 왔다. 토요 야시장에서의 소중한 공연이었다. 숙소로 돌아오는데 저녁 시간에도 동네 절에서 스님 법문하는 소리가 낭랑하고, 신도들은 사원 안팎에 앉아서 듣고 있으니 여기가 태국이 맞구나 하는 생각이 들었다.

▶ 와로롯 시장 옷가게

▶ 발효시켜 진짜 김치 맛이 나는 타이식 김치

▶ 그린카레처럼 생긴 음식에 국수랑 숙주나물을 넣고 비벼 먹는데 맛있다.

로컬 푸드가 맛있는 와로롯 시장

와로롯 시장은 100년 전통을 가지고 있는 치앙마이 최대 시장으로 우리나라로 치면 동대문, 남대문 같은 곳이다. 세계 어디나 시장은 활기와 텐션이 느껴진다. 팔려는 상인들과 구경하거나 사려는 사람들이 다 무심하지 않다. 그래서 그 에너지가 좋다.

이곳은 현지인들의 시장이라서 더 흥미롭다. 모자, 신발 같은 것도 도매점처럼 수북이 쌓인 채 진열되어 있고 원단 파는 가게도 많다. 그리고 무엇보다 로컬 푸드가 많은데 일요 야시장이나 토요 야시장에서 보지 못한 현지 음식들이 많았다. 역시 관광지를 벗어나 현지를 보는 것이 여행의 진미인 듯하다.

나는 토속 기념품이나 장신구, 커피잔, 쿠션 커버 이런 것을 좋아하지만 장기 여행자에겐 짐이 되기에 저절로 마음을 비우게 된다. 그러니 여행은 내게 계속 비움과 절제, 그리고 내 남은 시간들을 더 지혜롭게 살기 위한 미니멀리즘까지도 배우게 한다.

스릴 넘쳤던 래프팅과 폭포 타고 오르기

사정없이 때려 대는 래프팅

데이 투어로 래프팅을 했는데 타기 전에 보트맨이 안전 수칙과 노 젓는 방법을 알려주었다. 급류도 무서운데 노까지 저어라 하니 더 긴장될까 봐 난 그냥 가만히 앉아 있겠다 하니 그럼 보트 균형이 안 맞아서 안 된단다.

하는 수 없이 헬멧 쓰고 구명조끼 입고 노를 저으며 가는데, 뒤에 앉은 보트맨이 내가 긴장한 게 재밌는지 가다가 자꾸 겁을 주며 웃고 난리다. '물뱀이다!'라는 거짓말에 기겁을 하기도 하고, 갑자기 노로 물을 쳐서 놀래키기도 한다. 다른 일행은 악어는 없냐며 이죽거리는데, 악어는 양식으로 키워서 잡아먹는다고 응수한다.

▶ 재밌고 스릴 넘쳤던 래프팅

도중에 비도 흩뿌리고, 급류를 만나 눈으로 입으로 사정없이 물이 때려 대니 정신이 없었

▶ 부아통 폭포는 국립공원 안에 있다.
▶ 잡고 올라가라고 준비되어 있는 밧줄

다. 노를 안 저을 때는 물에 빠질까 봐 보트 줄을 꽉 붙잡고 있었다. 생전 처음 해본 래프팅이 내게 또 하나의 새로운 체험으로 업로드되었다. 많이 긴장하긴 했지만 스릴이 넘쳤다.

부아통 폭포 길 걷기

래프팅을 마친 다음에는 부아통 폭포에 갔다. 한참을 내려가서 다시 폭포를 타고 올라오는 식이었는데, 그냥 바라만 보는 우리나라 폭포와는 또 다른 느낌이었다. 30~40분간 옷을 적셔가면서도 시원한 폭포길 걷기 체험이 스릴감 있으면서도 즐거웠다. 경사가 가파르지만 석회석이 굳어서 된 바위라 미끄럽지 않았고 락 클라이밍처럼 잡고 올라갈 수 있는 밧줄이 있어 재밌었다.

치앙마이에서 혼자 여행을 끝내며

알랭 드 보통은《여행의 기술》에서 이렇게 말한다. "혼자 여행을 하니 좋다는 생각이 들었다. 세상에 대한 우리의 반응은 함께 가는 사람에 의해 결정되어버린다. 우리는 다른 사람들의 기대에 맞도록 우리의 호기심을 다듬기 때문이다."

그렇다. 혼자서는 일행의 취향과 요구를 배려하지 않아도 되고, 나 또한 그 어떤 눈치도 신경도 쓰지 않고 나만의 취향대로 여행을 할 수 있는 자유가 있어서 무엇보다 좋다.

장소를 옮겨다니니 매번 풍경이 바뀌고 이동하느라 시간이 더 빠르게 지나갔는지도 모른다. 도착해서 익숙해지려 하면 어느새 또 떠날 시간이 다가오니 만남과 이별을 거듭하면서 자연스럽게 비움과 새로워짐도 있었다.

가장 큰 얻음이라면, 떠나온 곳으로 되돌아가지만 더 이상 이전의 내가 아니라는 것이다. 물론 쉬려고 떠난 여행이기도 하지만, 여행의 본질적 의미 중 하나는 이런저런 도전과 극복을 통해서 나를 제대로 알고 찾기 위해서였는지도 모른다. 얼마나 '나'를 더 알게 되었고 '나'랑 더 가까워졌으며 '나'를 찾았는지 지금은 다 알 수 없다. 하지만 지금 내 마음은 만족스럽고 평온하다. 떠나기 전보다 스스로에게 더 솔

직해졌다. 그리고 어떤 상황이 닥치더라도 어려움을 피해가기보단 당당히 대처해가려는 태도를 얻었다. 나는 이를 자신감이란 말로 표현해본다.

나에게 가장 소중한 존재인 가족을 베트남 다낭에서 만나기로 했다. 남편이랑 큰 아들이 응원차 마중을 나온다니 정말 기쁘고 마음이 설레었다. 회사 근무 때문에 못 오는 둘째는 결혼 날짜까지 잡았는데 코로나 상황이라 상견례도 못하고 왔다. 그래도 아들은 아무 신경 쓰지 말고 엄마 원대로 여행만 잘하시라며 통장에 돈까지 쏘아주어 대견하고도 고마웠다.

가족 여행은 여행보다는 가족이 우선이라 생각한다. 그러니 뭘 보고 느끼는 것보다는 가족이 즐거운 마음으로 하는 여행이어야 한다. 우리 네 식구는 생일이 들어 있는 달도 제각각이다. 나, 남편, 큰애, 막내가 봄, 여름, 가을, 겨울 순이다. 그렇게 4인 4색이다.

나는 가족을 단지 부모자식의 인연일 뿐 아니라 이 땅에서 서로 돕고 보듬고 가는 전생의 연이 깊은 도반(道伴) 같은 공부팀으로 보기도 한다. 남편이랑 아들이 오면 혼자 여행이 아닌 가족 여행으로 호캉스처럼 편안히 즐기고 쌓인 이야기도 하다 천천히 귀국하려 한다. 가족을, 귀국해서 집에서 만나는 것보다 여행지에서 만난다니 더 설레고 신난다.

항공권을 샀는데 비행기를 못 탄다고요?

8월 29일 인천공항에서 남편과 아들은 베트남 리턴 티켓 구매로 혼쭐이 났다. 다른 동남아 국가와 달리 베트남은 15일 무비자 입국인 경우 리턴 티켓이 있어야 베트남행 티켓이 발권되는 시스템이다. 나 역시 다낭행 티켓을 샀으니 공항에 가서 비행기를 타고 가면 되는 줄 알았다! 5개월간 여행하면서 리턴 티켓이 필요한 나라는 가보지 못했다.

공항에 가면서 알게 된 이 놀라운 사실에 남편과 아들은 내 것까지 3인 티켓을 부랴부랴 예약했다. 그런데 발권이 잘 안 되어 예약을 취소하고 결국 공항에서 돈을 더 내고 가장 빨리 발권되는 리턴 티켓을 구입한 뒤에야 다낭행 티켓을 발권받을 수 있었다. 내게도 리턴 티켓을 보내와 나도 다낭행 비행기를 무사히 탈 수 있었다. 서너 시간 여유 있게 공항에 갔기 망정이지 하마터면 예약한 비행기를 못 탈 뻔했다.

이 일을 통해 여행의 담력이 무엇인지 다시 한번 생각하게 되었다. 여행하면서 일어나는 모든 변수에 대해 항상 열려 있는 마음, 그것이 여행의 진정한 담력이다. 설령 어떤 일이 생기더라도 '좋아, 그래, 그럼 이제 어떻게 하지' 하며 긍정적 마인드로 문제를 해결해가는 게 여행의 진정한 담력이다.

뒷모습이 아름다운 사람

호텔에 도착하니 먼저 도착한 두 부자가 호텔 앞에서 목이 빠지게 기다리고 있었다. 나중에 아들이 웃으며, 그때 찍은 남편 뒷모습 사진을 보여주었다. 기다리는 아빠 뒷모습에도 표정이 있지 않냐면서. 기다림의 뒷모습은 아름답다. 나도 뒷모습이 아름다운 사람으로 살다가고 싶다. 이 세상 소풍 마치고 갈 때도.

이튿날 다낭 시내에 갔는데, 강 이름이 '한'강이다. 다리 근처에 있는 시장 이름도 '한'시장이다. 부산이발관, 서울이발관이라 적힌 봉고차 같은 것도 눈에 띈다. 한글이 적힌 간판과 한국어를 하는 점원들도 많다. 그동안 한국 사람들이 얼마나 많이 다녀갔는지 짐작이 된다.

점심 겸 저녁을 먹고 시원한 강바람을 맞으며 어슬렁 산책을 하다 숙소로 돌아왔는데, 눈앞에 해운대보다 몇 배나 더 널찍한 해변이 펼쳐져 있었다. 예사롭지 않아 검색을 해보니 미케비치인데, 길이가 10킬로미터나 되는 세계적인 롱 비치다.

이튿날 눈 뜨자마자 미케비치로 나가 몸을 담갔다. 서해 바다처럼 한참을 들어가도 수심이 깊지 않고 파도도 없으니 고요하고 편안했

▶ 호텔 앞에서 나를 기다리던 남편의 뒷모습 ▶ 성 요셉 성당 ▶ 한강과 용다리

▶ 10킬로미터의 길다란 미케비치
▶ 영흥사 해수관음상
▶ 여행지에서 만나니 신기루 같았던 아들

다. 물 온도도 딱 좋다. 드넓게 펼쳐진 수평선을 바라보며 물 속에 있으니 5개월간의 피로와 긴장이 다 풀리는 듯했다. 긴 여정을 마치고 이곳에 와서 이렇게 쉬는구나 싶었다. 저 멀리 산 위에 해수관음상이 보였다. 아침이 더욱 고요하고 평화로운 풍경으로 다가왔다.

호이안 안방비치에서 맞은 해방기념일

다낭에서 호이안으로 택시를 타고 이동했다. 5개월 동안 혼자서 일정 짜느라 바빴는데, 오늘은 새벽부터 열심히 일정을 짠 남편 덕분에 느긋하게 안방비치(An Bang Beach)를 즐겼다. 정말 안방처럼 편안한 비치였다.

한국의 여름 바다는 시원하면서도 차가운데 이곳은 그냥 온수 수준이다. 수영을 하다 쉬면서 코코넛 스무디를 마시는데, 5분 간격으

▶ 안방비치 풍경이 그림 같다. ▶ 한 번으로 충분했던 패러세일링. 아들과 함께한 추억이 되었다.

로 찾아와 패러세일링을 권하는 직원 말에 못 이기는 척 예약을 했다. 사실 패러세일링은 내 버킷 리스트에 들어 있었다. 이집트 다합에서 다이빙할 때처럼 용기를 내보았다. 호기심 천국, 철없는 엄마를 위해 아들이 2인 1조로 동행해주었다. 함께해 주는 아들이 그저 고맙다.

비장한 각오로 줄을 잡고 출발했다. 물을 차고 나가며 출발할 때 긴장감을 떨칠 수 없었다. 그리고 중간에 일부러 바다로 빠트렸다 다시 올라갈 때, 특히 마지막 도착 입수 때 너무 긴장되었다. 물론 그만큼 스릴도 있었지만, 양손으로 줄을 어찌나 세게 잡았던지 이삼일간 근육통으로 어깨까지 뻐근했다. 패러세일링은 두 번은 안 해도 되겠다는 결론이었다.

모래가 고운 따뜻한 바다, 맛있는 음식, 여유로운 시간, 바다에서 불어오는 자연바람에 나는 그대로 신선이 되었다. 직장 30년으로부터 해방된 9월 1일을 내 해방기념일처럼 여기는데 이날이 마침 9월 1일이었다. 남편과 아들 덕분에 기억에 남을 자유와 해방감을 바다 위를 나는 체험까지 하며 안방비치에서 맘껏 누렸다.

화려한 후에성과 불타지 않은 심장

원데이 투어로 다낭에서 2시간 반 정도 걸리는 후에성을 방문했다. 후에성은 베트남 마지막 왕조인 응우옌 왕조가 1802년부터 1945년까지 거의 150년간 수도로 삼았던 곳이다. 베트남 남북전쟁 때 유적지가 손상되었는데, 1990년 들어 정부가 재건했다. 1993년에는 유네스코 세계문화유산으로 지정되었다.

베트남 택시 기사들은 손님을 태우면 자신의 카톡 아이디로 연결해 언제든 다시 불러달라며 적극적인 마케팅을 한다. 공항에서 이용했던 택시 기사와 카톡으로 흥정해 후에성을 함께 갔다. 영어가 안 되었지만 친절과 세심함을 더해 원데이 투어를 잘 진행해 주었다.

후에성은 생각보다 엄청 넓었다. 자금성을 본따 지었다는 궁전은 우리나라 궁전과는 비교도 안 되게 컸다. 그날 따라 날도 뜨겁고 습해 다 볼 수가 없어 메인로드 주변에 있는 것들만 둘러보고 나왔다. 그다음엔 황제들의 무덤 두 곳에 들렀는데 역시나 규모가 컸다. 민망 황제릉은 유네스코 세계문화유산에 등재된 곳이다. 카이딘 황제릉은 유럽과 아시아, 고대와 현대의 건축 양식이 혼합되어 독특한 아름다움을 보여줬다. 무덤이라기보다는 살아 있는 왕의 궁전 같았다.

우아하고 멋졌지만, 자신의 무덤을 이렇게 대단하게 지은 카이딘

▶ 후에성 입구 ▶ 카이딘 황제릉 입구 ▶ 황제릉을 지키는 문무 관료 석상

황제는 백성들을 위해서 무슨 일을 하고 갔을까라는 의문이 들었다. 숙소에 돌아와 찾아보니 그는 프랑스 식민 지배에 저항하던 황제들이 베트남에서 추방된 후 프랑스에 의해 옹립된 황제였고, 프랑스 편에 서서 백성들을 수탈하면서 화려한 삶을 누리다 간 왕이었다.

마지막으로 들른 티엔무 사원은 틱꽝득 스님이 소신공양을 하기 전 머물다 간 곳이었다. 아들은 후에성에 가기 전부터 틱꽝득 스님에 대해 관심을 보였다. 티엔무 사원을 돌아보고 나오려는데, 아들은 사원 뒤쪽에 스님이 소신공양을 하러 갈 때 타고 갔던 차가 보관되어 있다며 그쪽으로 이끌었다. 사원 뒤로 가니 과연 파란 차가 있었다. 그 차를 보며 당시 불교 탄압과 정치 상황에 대해 이야기도 나누며 틱꽝득 스님의 큰뜻을 되새겼다.

틱꽝득 스님은 7세에 출가해서 31개의 절을 세우고 평생 독재와 외세에 맞서 싸우다 1963년 66세에 소신공양으로 일생을 거둔 베트남 불세출의 큰스님이며, 틱낫한 스님의 스승이다.

당시 남베트남의 대통령이었던 응오딘지엠이 불교 탄압 정책과

▶ 티엔무 사원의 7층 석탑 ▶ 틱꽝득 스님이 마지막 길에 타고 간 차

독재 정치를 펼치며 불교 신자를 강제로 가톨릭으로 개종시키고 승려들을 무차별 진압하는 일이 벌어졌다. 틱꽝득 스님은 계속되는 불교 탄압 정책에 맞서, 1963년 6월 11일 사이공에서 소신공양을 감행했다. 온몸이 화염에 휩싸였음에도 가부좌 자세를 유지했고, 숨을 거두는 순간까지도 비명조차 지르지 않았다. 이후 8시간 동안이나 화장했지만 그의 심장은 사라지지 않았다고 한다.

스님이 열반하던 순간을 사진으로 촬영해 세상에 알린 미국의 사진작가 맬컴 브라운 덕분에 미국은 부패 정권을 돕고 있다는 비판을 피할 수 없게 되었고, 베트남 전 국민의 90퍼센트가 넘는 불교도들의 분노는 더욱 커졌다. 결국 백악관 주도로 응오딘지엠 교체가 논의되었고, 응오딘지엠은 1963년 11월 군부 쿠데타로 살해당했다. 맬컴 브라운은 이 사진으로 퓰리처상을 수상했다.

베트남을 다시 보다

베트남의 수도 하노이로 왔다. 베트남 2주 일정에서 남쪽의 호치민을 생략하는 대신 하노이 일정을 좀 여유 있게 잡았다. 하노이에서는 아파트형 숙소를 구했더니 거실도 부엌도 널찍하니 아주 좋았다. 느긋이 쉬다 그랩을 타고 성 요셉 성당에 가 보았다. 건물이 제법 웅장했다. 내부는 정해진 날만 개방해서 외양만 둘러봤다.

아들이 찾은 성당 주변 맛집에서 '분보남보'를 맛있게 먹었다. 베트남 남부 요리로 볶은 소고기와 땅콩, 숙주, 파파야 절임 등이 들어간 비빔국수인데, 따뜻한 소스랑 나오니 '온비빔국수'라 해야겠다. 그리고 우리식 부침개를 숙주 등 채소랑 라이스페이퍼에 싸 먹는 반쎄오와 스프링롤을 튀긴 넴도 함께 먹었다. 신기하게도 이 세 가지 음식은 아무리 먹어도 질리지가 않는다.

부른 배를 두드리며 하노이 명소 기찻길 거리로 갔다. 철로만 봐도 옛길의 향수가 느껴지는 뭔가 아련한 아날로그적 감상에 젖게 되는 곳이었다. 철길가에는 작고 예쁜 카페들이 즐비했다.

하노이에서 가장 유명한 호수

하노이에는 크고 작은 호수가 무려 300개나 되는데 그중 가장 유

▶ 샌들 신고 치마 입은 여성들도 오토바이를 타고 그 복잡한 거리를 쌩쌩 누비고 다닌다.
▶ 하노이 성 요셉 성당 ▶ 하노이 명소 기찻길 거리

명한 것이 호안끼엠이다. 규모는 크지 않으나 주변 풍광이 시민들의 안식처로 충분할 듯했다. 호수 가운데는 사당과 전설의 거북이 상이 있다. 호안끼엠은 '환검'이란 뜻인데, 15세기 여왕조를 세운 레로가 호수의 거북이에게 받은 검으로 명나라를 물리치고 호수로 돌아오니 호수 밑에서 거북이가 올라와 전쟁에서 사용한 검을 물고 돌아갔다 하여 '환검'이란 이름이 붙었다 한다.

편협한 사고를 부수다

하노이에는 역사박물관, 전쟁박물관, 호치민 박물관 등 국립박물관이 많다. 호안끼엠 호수 근처에 역사박물관이 있어 들렀는데, 규모가 크진 않으나 청동기시대 및 불교 문화 유물을 감상하기엔 손색이 없었다.

전시실에는 유물이 빽빽이 들어차 있었는데, 그중에서도 베트남 청동기시대였던 동선(Dong Son)문화 시기에 만들어진 청동북의 크기

▶ 호안끼엠의 황금 거북이 상 ▶ 청동북. 직접 보면 그 크기에 압도된다. ▶ 장식이 있는 청동종

와 양을 보고 놀랐다. 북은 각종 기원제와 장례식, 결혼식, 전쟁 등에 주로 사용되었는데 왕이 국가를 세우는 시기에는 권력의 상징이기도 했다. 이전에 신라 금관과 백제 금동대향로를 보고 찬란함과 섬세함, 날렵함에 감탄을 했었는데, 베트남 청동북의 섬세한 문양에 입을 쩍 벌릴 수밖에 없었다. 나는 그동안 베트남 사람들을 우리보다 못살아 국제결혼하러 오거나 돈 벌러 오는 사람들이라 생각했는데, 하노이 역사박물관 방문은 나의 편협한 사고를 부수는 계기가 되었다.

베트남 사람들의 정신적 뿌리

하노이 문묘는 공자를 모신 곳으로 베트남 유교의 대표적인 상징이고, 베트남 최초의 대학이었다. 베트남은 현재 공산당 정권의 사회주의 국가인데, 중국보다 더한 유교적 유물이나 흔적을 보니 아이러니했다. 베트남에도 유교가 국교인 시기가 있었다 하니 이 사람들의 정신적 뿌리가 중국보다 더 견고한 게 아닐까 하는 생각이 들었다.

엄청난 규모의 문묘에서 과거 유교의 영향력을 미루어 짐작해볼

▶ 공자를 모신 문묘 ▶ 거대한 용 향로

수 있었다. 베트남이 동남아 국가이긴 하지만 우리나라, 중국, 일본과 마찬가지로 같은 한자문화권이고 불교와 유교, 도교 문화가 혼재되어 있으니 다른 동남아 국가보다 친근감이 느껴지도 한다.

베트남 미술박물관에서 본 호치민의 힘

베트남 미술박물관에서 방대한 불교 작품들을 보며 그들을 하나로 만드는 종교의 힘을 느꼈다. 또 호치민 관련 조각이나 그림들을 보면서 정치적 이데올로기를 넘어서 한 국가로 묶은 지도자의 큰 힘을 보았다.

다른 건 몰라도 일생 동안 검소한 생활로 오직 국가와 민중을 생각하며 살다간 그의 삶에 존경을 느낀다. 그는 '호치민 샌들'이라는 별칭을 가진, 폐 타이어를 잘라 만든 샌들을 신었고, 그의 집무실도 검박하기 짝이 없었다. 또한 자신이 가는 곳을 경호원들에게 알리지 않았는데, 그곳 주민들을 귀찮게 할까 봐 얘기하지 않았다고 한다.

박물관 작품들에서도 '호 아저씨'라 불린 그에 대한 국민들의 사랑과 존경을 느낄 수 있었다. 그는 공산주의자라기보다는 민족주의자였고 외교에서는 실용주의자였다. 여러 국가들 사이에서 절묘한 외교를 통해서 크게 적을 만들지 않은 그의 능력은 오롯이 베트남 독립과 해방을 위한 것이었다.

진한 향내와 염불 소리

하노이에서 가장 큰 호수이자 아름다운 호수로 꼽히는 서호를 방문했다. 호수 둘레가 무려 17킬로미터다. 산책도 할 겸 기대를 안고 갔는데, 호숫가에서 낚시를 하는 사람들이 버린 물고기 때문에 비린내가 나서 유유자적 호숫가를 거닐고픈 마음이 사라졌다.

산책은 포기하고 호숫가 이 층 커피숍에서 맛있는 베트남 커피를 마시면서 뷰를 보며 편히 쉰 다음, 주변에 있는 있는 콴탄 도교사원에 가 보았다. 11세기에 지어진 오래된 사원인데, 이곳에는 베트남 최대 크기라는 현천진무신 동상이 있다. 높이 약 4미터, 무게는 약 4톤이다. 이미 문묘나 다른 곳에서도 큰 동상들을 보아서 새삼 놀랍진 않았지만 베트남 사람들도 중국처럼 큰 사이즈를 좋아하는가 싶었다.

적당히 내리는 부슬비를 맞으며 쩐꾸옥 사원 방향으로 걷는데, 길 양쪽에 호수가 있어 여행객뿐 아니라 산책을 하거나 자전거를 타는 사람들이 있었다. 사람들에게 두루 사랑받는 장소임을 알 수 있었다.

쩐꾸옥 사원은 홍강가에 6세기 때 세워진, 하노이에서 가장 오래된 절이다. 강물의 침식 작용으로 1615년에 사원을 호수 안의 작은 섬으로 옮기고 섬과 육지 사이를 둑을 쌓아서 연결했다고 한다. 절을 옮기는 것도 섬과 육지를 연결하는 것도 쉽지 않은데 대단하다.

▶ 베트남 최대 크기인 현천진무신 동상
▶ 큰 스님들의 유골이 보관되어 있는 붉은 석탑
▶ 홍수 때는 거북이가 황새를 업고 가뭄 때는 황새가 거북이에게 물을 준다는 상부상조 이야기를 담고 있는 이 상은 베트남 절이나 도교사원 어디서나 볼 수 있다.
▶ 쩐꾸옥 사원에서 평화를 빌었다.

해가 지는 석양 무렵 호수 건너편에서 보는 붉은 석탑이 무척 아름답기로 유명하다. 중국처럼 베트남에서도 붉은색은 운과 번영을 상징한다. 5개의 면으로 이뤄진 석탑에는 각 층마다 각기 다른 모습의 불상이 놓여 있고, 탑 안에는 큰스님들의 유골이 보관되어 있다.

진한 향내와 염불 소리가 울려퍼지는 가운데 경내에는 유럽 방문객들과 베트남 사람들이 기도를 하고 있었다. 없던 신심도 생길 경건한 분위기였다. 청량한 염불 소리는 여전히 내게 '탐진치를 극하고 더 자유로워져라'로 들린다.

여행 마지막 날, 항무아의 풍광에 취하다

귀국 비행 시각이 거의 자정이라 마지막 날을 아쉬움 없이 꽉 차게 보내기로 작정했다. 그래서 다른 사람 눈치보지 않고 우리끼리 오롯이 즐길 수 있도록 가족 단독 투어를 신청했다.

베트남 유명한 관광지 하롱베이가 아닌, 육지의 하롱베이라 불리는 '짱안'이 있는 닌빈으로 가기로 했다. 짱안은 유네스코 세계복합유산으로 등재되어 있다. 닌빈은 하노이에서 남쪽으로 2시간 정도 떨어져 있는, '물의 도시'라 불리는 베트남 북부의 대표적 관광지다. 경관

▶ 비가 와서 물이 불어 더 그림 같았던 닌빈 풍경

▶ 바이딘 사원의 석가불전
▶ 천수관음상 뒤에 아우라처럼 보이는 것은 보리수잎 모양이다.
▶ 12층 높이의 거대한 바이딘 사원의 탑. 위로 올라가면 닌빈의 아름다운 풍경이 내려다보인다.

이 아름다워 현지인들도 많이 찾는 곳이다. 석회암이 녹아 형성된 카르스트 지형으로 자연 습지와 석회 동굴 등이 있다.

호텔 조식을 먹고 짐을 챙겨서 로비로 나오니 가이드가 약속 시간 30분 전에 이미 도착해 기다리고 있다. 세 식구 타기에는 미안할 정도로 큰 12인승 차를 기사, 가이드 포함 5명이 널널하게 타고 출발했다. 가는 동안 가이드는 그동안 내가 궁금하게 여겼던 베트남에 대한 질문에 일일이 답해주었고, 닌빈이 가까워오자 카르스트 지형의 강 풍경과 산봉우리도 세세히 설명해주었다.

첫 번째 도착한 곳은 바이딘 사원이었다. 건너편 산 위에 있던 옛 바이딘 사원의 모습을 본따 2010년에 세운 사원인데, 동남아에서 가장 큰 사원이다. 사원 내를 소형 투어차를 타고 돌아보았는데 웅장한 규모에 감탄을 금할 수 없었다. 사원 회랑에는 줄 지어 도열한 500개의 아라한상이 있는데, 각각의 모습이 다 달랐다. 가이드는 지나가면서 자기랑 가장 닮은 아라한을 찾아보라고 했다.

긴 회랑을 지나 36톤이나 되는 거대한 청동종이 있는 누각에 이르렀다. 하노이 역사박물관에서 보았던 청동종이 떠올랐다. 그리고 관세음전으로 가 황금으로 된 화려한 천수관음상을 보았다. 천수관음상 양옆에는 커다란 나무 하나를 통째로 깎아 만든 관음보살상이 하나씩 있었다. 천수관음상과 관음보살상 모두 크기가 압도적이었다. 개인적인 생각이지만 베트남이 이렇게 장대한 스케일의 문화를 가진 것이 어쩌면 중국 문화의 영향이 아닐까 싶어졌다.

바이딘 사원에서 나와 짱안으로 이동했다. 짱안 선착장에는 노를 젓는 배 수십 대가 도열해 있었다. 예상했던 것보다 배 타는 시간이 길었다. 중간에 두 번 사원이 있는 곳에서 쉬었다 가니 두 시간이나 걸렸다. 배를 타고 나아가니 고요한 물결 위로 선경(仙境)이 펼쳐졌다. 원래는 동굴 탐사도 하는데, 며칠 전 내린 폭우로 수위가 높아져 아쉽지만 밖에서 보는 걸로 대신했다.

▶ 육지의 하롱베이 짱안

뜨거운 태양을 피하느라 펼쳐든 우산 속에서 아들은 지루한지 언제 내리냐고 물었다. 나는 배 타고 즐기는 풍경에 빠져 무념무상으로 두 시간이 그리 훌쩍 흐른 줄도 몰랐다.

짱안을 뒤로하고 마지막

여정지인 항무아로 향했다. 항무아는 '춤추는 동굴'이라는 뜻이다. 486개의 돌계단을 올라가 바위산 전망대에 도착하면 항무아의 카르스트 지형 파노라믹 뷰를 즐길 수 있다.

아침 일찍 짐 챙겨 나오느라 부산했고, 바이딘 사원 경내에서 많이 걸은 데다, 짱안 뱃놀이 때 아름다운 풍광에 취하기도 해서 피로가 몰려왔다. 남편과 나는 아쉽지만 중간쯤에서 멈추고, 아들만 열심히 올라가 환상적인 파노라믹 뷰를 보고 내려왔다. 계단 중간쯤에서 내려다보는 경치도 '이것이 베트남이지~' 할 만큼 충분히 멋졌다. 심호흡을 하며 아래로 펼쳐지는 항무아의 절경을 가슴에 담았다.

하노이 공항으로 가는 길 창밖으로 지는 석양을 바라보는데 5개월 반의 시간들과 가족과 함께한 마지막 여정이 주마등처럼 지나가며 모든 것에 감사하는 마음이었다. 차가 밀렸으나 늦지 않게 비행기를 탔고, 이튿날 새벽 인천공항 고국의 품으로 긴 여정을 마치고 무사히 돌아왔다.

▶ 항무아 입구 ▶ 항무아 계단 중간쯤에서 내려다본 경치

세계를 누비고 다녀도 결국 길은 내 집과 일상으로 돌아오는 여정이었다.

여행을 다녀와서 떠나기 전 이래저래 안달복달했던 마음이 많이 여유로워졌다. 주위 상황이나 환경은 변한 것이 없으니 결국 내가 변한 것이다. 한 바퀴 돌고 원래 있던 곳으로 돌아왔지만 나는 떠나기 전의 나와 동일한 내가 아니다. 나에게 일어난 변화를 무어라 딱 집어 설명할 순 없다. 그러나 나는 더 따뜻해지고 더 느긋해졌다. 그래서 여행은 마법 같은 변화를 가져오는 멋진 성장 활동인지도 모르겠다.

애타게 찾아다니던 파랑새를 내 집 앞에서 찾듯이, 나의 일상과 가족 그 소중함과 보물들의 가치를 '새로워진 눈'으로 보는 것만으로도 여행은 나를 더 건강하게 만들었다.

누구나 각자의 꽃을 피우고 나면 꽃은 지고 씨앗만 남기고 간다. 그런 인생을 나는 다양한 감정을 체험하러 오는 장으로 본다. 영혼은 육체가 없기에 감각 있는 다채롭고 생생한 체험을 할 수 없다. 그래서 인생이란 시간 안에서 육체를 가지고 이런저런 다양한 경험들을 통해서 자신이 체험하고자 했던 감정을 느껴보며 영혼 차원에서 배우고 가는 것이라 본다.

인생은 짧고 누구나 시한부 생명이다. 그러니 아까운 시간을 낭비하지 말고 자기가 진정 하고 싶은 것을 하다 가면 좋겠다. 그리 살다 보면 우리 인생은 어느 한순간 멈춰 서게 될 것이다. 마치 모래시계를 뒤집어야 하는 순간이 오는 것처럼.

책임과 의무로 살던 인생 1막이 끝났으니 이제 남은 인생 2막은 더블이 아닌 트리플 세제곱의 삶을 살기로 했다. 일거삼득이란 소리다. 지금 내가 하려는 일이 내 몸과 영혼에 둘 다 유익하고, 안 해서 후회하기보다 해서 좋을 일이면 하려 한다. 30년을 그렇게 산다면 가성비 90년의 효과로 90세를 살다가도 내 인생을 150년처럼 향수(享壽)하고 가는 셈이다.

부산역에서 기차를 타고 시베리아를 횡단하여 파리까지 가고 싶다. 섬처럼 갇힌 이 나라도 어서 대륙으로 길을 뚫어 바로 연결되길 바란다. 삶에는 순간순간 살아 있다는 아름다움만 있다. 그러니 그 찰나 같은 순간을 잘 살다 가고 싶다.

지난 여행기를 정리하고 나니 이제 머리가 깨끗이 비워져서 마음도 개운하다. 다시 날아오를 듯 가볍다. 한동안 숨 고르기를 하고 일상의 안온함 속에 묻혀 지내다 다시 또 떠날 것이다. 떠남과 멈춤의 조화로움, 그 사이의 적절한 텐션이 나의 시간들을 늘 살아 있게 할 것이기에.

감사의 글

나는 1963년 삼월의 봄에 태어났다.
봄을 좋아하는 내가 고국의 봄을 두고 서둘러 떠났던 여행,
이제 다시 봄이 와서 이 책을 펴낸다.
앞으로도 봄꽃을 열 번 더 볼 때까지는
부지런히 발품을 팔아 움직이려 한다.

인생은 그냥 봄(Seeing)이다.
그래서 나는 이 봄, 저 봄 다 좋아한다.
지구별로 여행 온 우리 모두는 그렇게
일상이든 낯선 공간이든
그 속에서 해마다 봄을 맞이하며,
날마다 봄으로써 성장해간다.

이제 환갑년 봄에 나의 첫 여행기 책을 내게 되어 무척 기쁘다.
마치 지금부터 펼쳐질 내 인생 2막 여정의 봄,
그 움틈을 축하해주는 책 같다.
나의 여행을 후원해준 가족과 책을 내도록 응원해준 지인들과
출판해준 분들, 모두에게 감사하며
특별히 나에게 날 수 있도록

양 날개를 달아주신 부모님께 감사드린다.
20대에 외국에 보내어 다른 세계를 보게 해주셨던
나의 아버지 김현수님,
그리고 언제나 크고 따뜻한 가슴이 되어주셨던
나의 어머니 성분란님
그리운 두 분 사랑합니다.
천국에서 곧 뵐 때까지 평안하십시오.

우리 모두에게 쉼, 자유와 평화~!

2023년 3월, 김별

부록

어설프지만 따라해보면 여행이 엄청 쉬워지는 8가지 팁

혼자서 5개월 반 동안 여러 나라를 다녔다고 하면 내가 여행 전문가인 줄 아는 사람들이 많다. 나 또한 여행 초보자라고 하면, 어떻게 혼자서 그렇게 용감하게 다닐 수 있었느냐며 질문 폭탄이 쏟아진다. 그중 자주 듣는 8가지 질문에 대한 내 나름의 답을 간단하게 정리해보았다. 정답이라곤 할 수 없으나 혼자 여행, 특히 여자 혼자 여행을 떠나고 싶은 이들이 참고하면 도움이 되리라 생각한다.

Q. 떠나려고 하면 막연히 불안하고 두렵다. 두려움은 없었나?

나도 마찬가지였다. 그래서 혼자 떠나기 5개월 전에 제주 한 달 걷기를 해보았다. 한 달 동안 걸으면서 체력도 점검하고 집 떠나서 낯선 곳 낯선 사람들과 부대끼며 지낼 수 있다는 자신감을 얻었다.

실행하지 않고 두려움 때문에 주저하면 시간만 낭비할 뿐이다. 간절함이 있다면 거기에 조금의 용기를 보태면 된다. 일례로, 이집트 다합에서 내면 깊숙이 자리잡은 두려움의 허들을 하나 넘었다. 나이 60에 수영도 못하는 내가 스쿠버 다이빙을 한 것이다. 스쿠버 다이빙은 나의 인생 버킷 리스트 중 하나였다. 두려움과 긴장감을 안고 바닷속에 들어가보니 생각했던 것보다 훨씬 아름다운 세상이 눈앞에 있었다. 막상 해보니 그리 두려워할 일은 아니었다는 걸 깨달았다.

일단 항공권을 구입하고 온라인으로 숙소를 예약하자. 그렇게 첫발을 내딛고 단계별로 하나씩 해보면 점점 여행 근육이 생기고 기술이 쌓여간다. 천리 길도 한 걸음부터고 첫술에 배부른 법은 없다. 나도 첫 도착지 이집트 다합에서 워밍업을 한 후 어느 정도 자신감이 생기자 다른 곳으로 이동했다.

Q2. 장기 해외여행을 하면 돈이 많이 드는데 비용을 줄이려면?

경비 중 가장 많이 드는 것은 단연 항공권이다. 시간이 자유롭다면 미리 무료 취소 가능한 걸로 예약하면 저렴한 항공권을 구할 수 있다. 가끔씩 출발 며칠 전에 땡처리로 파는 항공권이 나오기도 한다. 그럴 때는 앞의 것을 취소하고 싼 걸 이용하면 된다. 그리고 어차피 자유여행인데 싼 항공권이 나오면 일정을 바꿔도 된다. 안 가본 곳이라면 안 갈 이유가 없다. 그리고 나는 항공권을 구입할 때 스카이스캐너 한 어플만 사용했는데 검색 능력이 좋다면 다른 어플을 사용해도 된다. 특히 특가 상품이 나올 때는 항공사 자체 홈페이지가 더 싸다.
그다음으로 많이 드는 게 숙박비다. 나는 안전성을 고려해서 주로 호텔이나 아파트형 단독 숙소에 묵느라 비용이 많이 들었다. 동행이 있으면 비용을 반으로 줄일 수 있다. 마음 맞는 동행이 있다면 2인 자유여행도 권장한다.
게스트하우스도 나쁘지 않다. 숙박비도 줄이고, 여행 동반객들을 만나 보다 쉽게 여행할 수 있고, 친구도 사귈 수 있으니 일거삼득이다. 예전 직장 동료였던 분은 연세가 있고 영어도 서툴지만 게스트하우스에서 젊은이들과 어울려 파티도 하며 즐겁게 보낸다. 파티 비용을 1/n보다 조금 더 얹어주면 대환영이란다. 비싼 호텔에 우두커니 있다 혼자 펍에 가는 것보다 훨씬 낫다며 적극 추천해주었다. 한인민박도 필요 시 추천한다. 비용을 줄이면서 여행 정보를 얻기 쉬운 장점이 있다.

Q3. 영어를 못하는 사람도 혼자 갈 수 있나?

많은 사람들이 영어를 못해서 혼자서 못 간다고 말한다. 입장을 바꿔 한국으로 여행 온 외국인 여행자를 생각해보자. 그들은 대개 '안녕하세요?' 정도의 인사말만 알고 온다. 그래도 다 순조롭게 여행 잘하고 간다. 여행에서 중요한 요건을 따져보면 체력, 시간, 경비, 여행 기술 순이다. 영어의 중요도는 그다음이다.
나더러 말이 잘 통하니 그리 잘 돌아다닌다고 말하는 지인들이 있는데, 나는 이렇게 되묻는다. '말이 잘 통하는 한국에선 왜 혼자서 여행을 안 다니냐?' 그러면 다들 입을 다문다. 영어를 잘하면 여행이 더 재미있고 경험이 풍부해질 수는 있어도, 영어가 안 되어 못 간다는 말은 핑계다.
이번 여행 말미에 가족과 베트남에서 만나 함께 여행했을 때 아들은 영어가 유창

하지 않아도 번역기를 사용해가며 현지 투어, 숙소, 이동, 레스토랑 예약까지 모든 걸 혼자 다했다. 편하게 여행하려면 영어를 잘하는 것보다 적절하게 어플을 사용하고 날씨나 교통 등 현지 정보를 빠르게 검색하는 여행 기술이 훨씬 더 요긴하다. 그래도 서바이벌 영어는 익혀두는 게 좋다. 내 친구 영희는 손주들이랑 놀면서 영어 공부를 한다. 그렇게 나중에 여행할 준비를 차곡차곡 하고 있다.

언어의 목적은 소통이나 소통이 반드시 잘 짜인 문장으로만 이뤄지는 게 아님을 이집트 다합에서 배웠다. 그곳에서 만난 김바오로 선생님은 한정적인 영어 단어를 구사하면서도 그곳에 여행 오는 한국 젊은이들에게 한 달 살 방도 얻어주고 여러 가지 것들을 도와주었다. 방을 구하러 부동산에 함께 갔는데 화장실, 전기, 에어컨, 가구, 집기 등에 문제가 없는지 꼼꼼히 점검하고 임대 날짜와 방세를 더블 체크한 다음 가계약을 해줬다. 언어보다 집 구하는 요령과 상식이 먼저였다.

영어는 세계 몇 나라의 모국어요 제2의 언어로 우리가 편의를 위해 쓰는 말일 뿐이다. 최소한 인사말이나 고맙다는 말 정도는 각 나라 말로 해주는 게 예의요 소통의 테크닉이다. 또한 잊지 말아야 할 것은 미소요 웃음이다. 말이 서툴러도 웃음은 만국 공통어 바디랭귀지니 소통을 한결 쉽게 만들어준다.

그리고 다른 종교, 다른 문화를 터부시하는 행동이나 말을 삼가야 한다. 예를 들어 먹을 때 후루룩 쩝쩝 소리를 내지 않는 게 유럽식 식사 예절이고, 악수할 때 왼손을 사용하지 않는 게 아랍 문화권 예의다. 이런 비언어적 표현을 잘 알고 행동하면 보다 유쾌한 여행이 될 수 있다.

Q4. 여행 동선을 짜는 쉬운 방법은?

혼자 하는 여행에서 동선 짜기는 매번 귀찮은 일 중 하나다. 그래도 그 지역에 가면 꼭 봐야 하는 것들을 우선적으로 검색한 다음, 그중에서 취사선택하고 날짜별로 정리해서 합리적인 동선을 그려 움직이려 했다. 그렇게 대략적인 동선을 짜놓고 그 외 정보는 과유불급이라 보고 적당히 살펴봤다. 검색할 시간에 쉬거나 주위를 둘러보고 산책하는 게 더 중요하다고 봤다.

한 곳을 방문한 다음 궁금증이 생기면 그때 시간을 투자해 좀더 자세히 살펴봤다.

지금은 여행에 관한 정보가 차고 넘친다. 특히 비교적 알려진 관광지에 대한 정보는 너무 많다. 꼭 가봐야 하는 장소보다도, 본인의 취향에 맞춰 음악, 공연, 미술 전시, 요리, 레포츠, 각종 체험 활동 등에 대한 정보를 검색해가면 여행의 만족도가 높아질 것이다. 그리고 여행지에 대한 기본적인 인문학적 지식이나 역사, 지리 공부를 좀 하고 가면 여행의 맛과 보는 깊이가 달라진다.

Q5. 여행 가기 전에 반드시 깔아두어야 할 앱은?

나는 아날로그 세대이고 기계치에다 디지털에 무지 약한 사람이나 몇 가지 앱으로 대충 해결하며 다녔다.
항공권 예매, 숙소 예약 앱은 기본이다. 그리고 구글 지도 앱도 길 찾기를 위해 필수다. 맵스미(MAPS.ME) 같은 앱은 인터넷이 안 될 경우 유용하다. 지도를 미리 다운받아 놓고 사용할 수 있어 편리하다. 해외에서 현금 출금과 인터넷 뱅킹이 가능한 카드 앱을 장착해두어야 한다. 택시는 각 나라마다 가장 잘 터지는 앱을 이동하기 전에 깔아두는 게 좋다. 유럽이나 미국 여행의 경우는 플릭스버스 앱을 깔아두면 스마트폰으로 예약할 수 있어 편하다.
그러나 너무 앱에만 의존하지 말고, 안 될 때를 대비해서 아날로그식으로도 준비해두면 좋다. 이동 시 폰 배터리가 나가거나 유심이나 와이파이에 문제가 있을 수도 있으니 숙소 주소와 전화번호는 메모를 해두자.
그리고 와이파이가 안 되는 곳에서도 검색을 해야 하니 유심카드가 필요하다. 나라마다 적절한 금액만큼 사서 넣고 사용하면 된다. 시내보다 조금 비싸긴 하지만 대부분 공항에서 구입 가능하다. 유럽연합국에서는 보다폰 유심을 여러 나라에서 공용으로 사용하는 줄도 모르고, 다시 사서 끼우느라 돈을 낭비했다. 게다가 비번을 잘 적어두지 않아 낭패를 당하기도 했다. 유심 구입할 때 공용 사용국을 미리 확인해서 효율적으로 사용하면 좋겠다.

Q6. 짐은 얼마나 가져가야 하나?

'짐이 가벼울수록 여행이 즐겁다!' 이 하나만 기억하자. 여름옷은 가벼우니 좀 많이 챙기더라도 겨울옷은 두꺼운 외투 하나와 겹쳐 입을 수 있는 겉옷 몇 장만 챙기자. 양말, 속옷은 그날그날 세탁할 수 있으니 많이 가져갈 필요가 없다. 많이 들고 갔다가 처치 곤란이었다. 세탁기가 없어도 양말, 속옷은 매일 빨아서 널어두면 하루 이틀이면 마르니 서너 개만 가져가도 된다. 그리고 무게가 많이 나가는 화장품의 경우 휴대용을 쓰고 주로 현지에서 구입해서 사용했다.

더 이상 필요하지 않은 두꺼운 옷은 기부하고, 현지에서 저렴하게 구입해서 입다 주고 오는 식으로 짐을 줄이면서 다녔다. 물가 싼 나라에서는 면 계통 옷이 싸다. 현지 날씨에도 맞아서 편하다. 장기 여행에는 편한 옷이 최고다. 신발도 낡으면 버리고 새로 사 신었다.

평소 걸어 다닐 때는 작은 배낭 안에 물통, 모자, 우산, 얇은 겉옷 등을 챙기고 머니 벨트나 크로스백에 폰과 지갑을 넣고 다녔다. 폰, 지갑, 여권 세 가지만 유념하면 된다. 여권은 공항이나 호텔 체크인 때만 필요하니 숙소에 두고 폰과 지갑만 들고 다녔다. 덕분에 여행 내내 한 번도 폰, 지갑, 여권 분실 사고가 없었다. 짐이 간편하면 일단 주의가 분산되지 않는다.

기념품, 특히 마그네틱, 스카프, 쿠션 커버 등을 사고 싶었지만 절제했다. 그래도 꼭 구입해야 하는 것들이 있으면 한꺼번에 한국으로 부치는 게 좋다. 여행을 하면서 배운 미니멀리즘을 여행 후에도 생활에 적용해 큰 도움이 되었다.

Q7. 여행하다 아프면 어떡하나?

기본 의약품이랑 비싼 장기여행자보험을 들고 갔지만 쓸 일이 없었다. 보험이란 원래 만일을 위해 준비하는 것이라, 본인이 충분히 대처 능력이 있고 신중하다면 굳이 들어야 하나 싶기도 해서 개인의 선택에 맡긴다.

무엇보다 체력과 건강이 유지되어야 즐거운 여행이 되니 잘 먹고 잘 자야 한다. 숙면이 어렵다면 기내에서 주는 귀마개와 안대를 잘 챙겨두자. 음식은 사 먹는 것과 만들어 먹는 걸 번갈아 하면 좋다. 그러면 사 먹는 음식에 질리지도 않고 내가 먹고 싶은 것을 해먹으면서 건강한 식단을 유지할 수 있다. 아파트형 숙소는 주방 시설이 갖춰져 있고, 게스트하우스도 공동 주방이 있다. 물가가 싼 나라는 사 먹어도 해 먹어도 비용이 비슷하지만, 현지에서 구입한 재료로 건강식이나 당기는 음식을 만들어 먹는 것도 또 다른 즐거움이다.

Q8. 여자 혼자 가면 위험하지 않나?

안전을 위해서 이동일은 어떤 일이 있어도 어둡기 전에 도착하는 것을 원칙으로 했다. 이동에 걸리는 시간을 사전에 체크해 출발, 도착 시간을 가늠해서 움직였다. 이동 후 새 장소에서는 첫 며칠은 적응기로 생각하고 신중하게 행동했다. 예를 들면 도착한 첫날은 외출하기 전에 숙소 주변 사진을 찍어두었다. 그래도 혹시 길을 잃을 경우에 대비해서 숙소 이름이 적힌 메모나 숙소 명함을 갖고 다녔다. 그리고 특별한 일이 아니면 야간에는 다니지 않는 걸로 했다.

사실 야경을 좋아하는 분이 아니라면 굳이 밤에 다닐 일은 없다고 본다. 내 경우엔 트빌리시 평화의 다리 야경을 보러 나간 것과 공연이나 부다페스트 유람선 야경 투어 외엔 낮 일정으로 충분했다. 그리고 숙소를 정할 때 교통이 편리하고 주변이 안전한 곳을 우선으로 고려해야 한다. 나는 대부분의 숙소를 관광지 주변에 정해서 걸어 다닐 만했고 치안 걱정도 덜 수 있었다. 그리고 옷차림이나 모든 행동면에서 안정감 있고 당당하고 자신감 있는 모습을 보이면 나쁜 사람이나 부정적인 상황들을 끌어들이지 않는다고 본다.

마지막으로 한 가지 더 추가하자면 마음가짐, 즉 태도다. 여행 중 어떤 일이 일어나더라도 조급해하거나 당황하지 말고 마음을 열고 긍정적으로 받아들여라. 그러면 모든 여행이 즐겁고 편안하게 흘러갈 것이다. 하늘이 우리에게 문제를 준다면 어떤 식으로든 빠져나갈 길이 있기에 준 것이라는 믿음으로, 조금만 인내심을 가지고 차근히 엉킨 실을 풀어가면 된다.

이상 작은 참고가 되었길 바라며, 각자 팁을 더해서 아무쪼록 유쾌하고 자유로운 여행이 되길 바란다. Bon Voyage~!